新时代新农业核心养殖技术丛书

# 蜜蜂养殖
## 及常见病防治技术

袁丽花 舒丽 主编

西南大学出版社
国家一级出版社 全国百佳图书出版单位

图书在版编目(CIP)数据

蜜蜂养殖及常见病防治技术 / 袁丽花, 舒丽主编. —重庆：西南师范大学出版社, 2021.8
ISBN 978-7-5697-1025-0

Ⅰ.①蜜… Ⅱ.①袁… ②舒… Ⅲ.①蜜蜂饲养②蜜蜂–病虫害防治 Ⅳ.①S894.1②S895

中国版本图书馆CIP数据核字(2021)第152846号

## 蜜蜂养殖及常见病防治技术
MIFENG YANGZHI JI CHANGJIANBING FANGZHI JISHU

袁丽花　舒　丽　主编

**责任编辑：** 杜珍辉　鲁　欣
**责任校对：** 赵　洁
**封面设计：** 汤　立
**排　　版：** 江礼群
**出版发行：** 西南大学出版社(原西南师范大学出版社)
　　　　　　重庆·北碚　邮编：400715
**印　　刷：** 河北盛世彩捷印刷有限公司
**幅面尺寸：** 150mm×220mm
**印　　张：** 9
**字　　数：** 105千字
**版　　次：** 2021年8月　第1版
**印　　次：** 2023年7月　第4次
**书　　号：** ISBN 978-7-5697-1025-0
**定　　价：** 29.00元

# 前言

我国是世界第一养蜂和蜂产品生产大国,是世界上养蜂历史最悠久的国家之一,同时也是东方蜜蜂的发源地,养蜂业是我国农业经济的重要组成部分。蜜蜂养殖具有投资少、风险小、见效快、收益大等特点,是适合自主发展产业的好门路。

现代养蜂生产发展的总体趋势是规模化饲养。养蜂属于技术性行业,但科技含量不高、入职门槛较低,行业整体发展趋于微利、薄利多销。要想在行业内生存,扩大生产规模,提高生产效率是行业发展的唯一出路。只有规模化饲养才能降低单位生产成本,提高生产效率,进而提高产品质量和抗风险能力,从根本上解决行业劳动强度大,产品质量差,蜂群易患病等问题。

为了更好地帮助养殖户了解蜜蜂的形态结构特征、分类地位、生活习性,掌握实用的养蜂技术,有效地防治养蜂过程中出现的病虫害及掌握蜂制品的制作,以提高养殖效益,保障养蜂业的健康发展,提高蜂产品的质量,特地组织人员编写了《蜜蜂养殖及常见病防治技术》一书,以供各养殖户参考。

本书围绕蜜蜂养殖中养殖户最关心的问题进行逐个阐述，内容结合生产实际，行文简单易懂，以实用、便于操作、有效的方法技术为重点，本书通过对蜜蜂概述、养殖技术、消毒、病虫害防治和蜂产品生产五个方面对养蜂过程易出现的问题及解决方法进行阐述，所用方法简单易操作，贴合实际，重点突出。

由于编写仓促，书中难免有不妥之处，望广大读者提出宝贵意见，批评指正。

# 目录

**第一章 概述** ·········································· 001
    一、蜜蜂的形态结构特征 ······················ 001
    二、蜜蜂的分类地位 ···························· 004
    三、蜜蜂的习性 ·································· 005

**第二章 养殖技术** ·································· 008
    一、怎样购买蜂群 ······························ 008
    二、选定蜂场场址 ······························ 010
    三、购置饲养工具 ······························ 011
    四、中蜂基本养殖技术（活框饲养方法） ········ 019
    五、西蜂基本养殖技术 ························ 038
    六、良种繁育 ···································· 060

**第三章 消毒** ········································ 066
    一、消毒的种类 ································ 066
    二、消毒的方法 ································ 066

## 第四章　病虫害防治 …………………………………070
　　一、蜜蜂病虫害的分类和特点 …………………………070
　　二、常见蜜蜂病毒病及防治 ……………………………071
　　三、常见蜜蜂细菌性疾病及防治 ………………………079
　　四、常见蜜蜂真菌性疾病及防治 ………………………087
　　五、常见蜜蜂寄生虫病及防治 …………………………092
　　六、蜂常见敌害及防治 …………………………………103
　　七、其他常见蜂群异常及防治措施 ……………………111
　　八、蜜蜂病虫害的防治措施 ……………………………117

## 第五章　蜂产品生产 …………………………………120
　　一、分离蜜的生产 ………………………………………120
　　二、巢蜜的生产 …………………………………………124
　　三、蜂花粉的生产 ………………………………………126
　　四、蜂胶采收技术 ………………………………………129
　　五、蜂王浆的生产 ………………………………………130

# 第一章
# 概述

蜜蜂属膜翅目、蜜蜂科,是一种会飞行的群居昆虫,体长8—20 mm,体色呈黄褐色或黑褐色,生有密毛;头与胸几乎一样宽;触角膝状,复眼椭圆形,口器是嚼吸式,后足为携粉足;长有两对膜质翅,前翅大,后翅小,前后翅以翅钩列连锁;腹部近椭圆形,体毛较胸部为少,腹末有螫针,成蜂体长约2—4 cm,它们被称为资源昆虫。蜜蜂一生要经过卵、幼虫、蛹和成虫四个生长发育阶段。

目前我国大部分地区以饲养意大利蜂(西方蜜蜂)为主,约占总量的2/3;中蜂(中华蜜蜂)集中分布区则在西南部及长江以南省区,以云南、贵州、四川、广西、福建、广东、湖北、安徽、湖南、江西等省区数量最多,约占总量的1/3。

## 一、蜜蜂的形态结构特征

蜜蜂是完全变态发育的昆虫,三型蜂都经过卵、幼虫、蛹和成虫(成蜂)4个发育阶段。蜜蜂的4个阶段在形态上均不相同。

1.卵。呈香蕉形,乳白色,卵膜略透明,稍细的一端是腹末,稍粗的一端是头。蜂王产下的卵,稍细的一端在巢房底部,稍粗的一端朝向巢房口。卵内的胚胎经过3天发育孵化为幼虫。

2.幼虫。是白色蠕虫状,起初呈"C"字形,随着虫体的长大,虫体伸直,头朝向巢房。在幼虫期由工蜂饲喂。受精卵孵化成的雌性幼虫,如果在前3日龄饲喂在蜂王浆里加有蜂蜜和花粉的幼虫浆,它们就发育成工蜂。同样的雌性幼虫,如果在幼虫期被不间断地饲喂大量的蜂王浆,就将发育成蜂王。

3.蛹。工蜂幼虫成长到6日龄末,由工蜂将其巢房口封上蜡盖。封盖巢房内的幼虫吐丝作茧化成蛹。封盖的幼虫和蛹统称为封盖子,有大部分封盖子的巢脾叫作封盖子脾(蛹脾)。工蜂蛹的封盖略有突出,整个封盖子脾看起来比较平整。雄蜂蛹的封盖凸起,而且巢房较大,两者容易区别。蜜蜂蛹期主要是其内部器官改造和分化的关键时期,此阶段成蜂的各种器官,如头、胸、腹3部分,附肢也会显露出来,颜色由乳白色逐步变深。发育成熟的蛹,脱下蛹壳,咬破巢房封盖,羽化为成蜂。

4.成虫。具有一般昆虫的形态特征,体躯分节,分别集合为头部、胸部和腹部三个体段。在部分体节上着生成对的附肢,附肢也分节。外面的体壳起支撑和保护蜜蜂内部器官的作用。体表密生绒毛,具有护体和保温作用。特别在寒地越冬结团的蜂群,蜜蜂绒毛保温意义尤为重要。头部和胸部的绒毛呈羽状分叉,这对蜜蜂采集花粉和促进授粉具有特殊的意义。蜜蜂体表有些空心状与神经相连的毛是蜜蜂的感觉器官。

(1)蜜蜂成虫的头部。蜂王、工蜂和雄蜂的头部各不相同,蜂王的头面呈心脏形,工蜂的头面呈三角形,雄蜂的头由于复眼大而突出近似圆形。

眼是蜜蜂的视觉器官,包括一对复眼和三个单眼。复眼由数千只小眼组成。蜜蜂复眼的发达程度与其视力的需要相适应。

触角基部着生在头壁膜质的触角窝中,由四束肌肉牵引,可灵活转动。蜜蜂的触角为膝状,由柄节、梗节和鞭节等组成。

蜜蜂口腔为嚼吸式，既有咀嚼固体食物的器官，也有吮吸液态食物的器官。蜜蜂的口器由上唇、上颚、下颚、下唇等构成。上唇位于唇基下方，可前后活动，主要功能为从口器前方阻挡食物。上唇内侧有一从唇基内壁突出延伸的内唇。内唇为柔软膜片，其上富有味觉器。上颚是咀嚼器官，主要功能为咀嚼花粉等固体食物、使用蜂蜡蜂胶、清房清巢、御敌等，并在吸食时支持喙基。每一上颚由前后两个关节点与头部相接，由开肌和闭肌两条肌肉控制其左右开合。

（2）蜜蜂成虫的胸段。胸段是蜜蜂运动中心，由胸部体节和并胸腹节（即第一腹节）构成，坚硬的体壁内有着发达的内骨骼和肌肉，灵敏有力地控制着三对足和两对翅的活动。

蜜蜂胸部分成三节，分别为前胸、中胸和后胸。相邻胸节以节间缝分界，每一胸节均由背板、腹板和一对侧板构成。中胸和后胸背板两侧各着生一对膜质翅，前胸、中胸、后胸腹板两侧各着生一对足。胸腹节由一大的背板和狭窄的横形腹板组成，与胸部形成一整体。

蜜蜂的翅有两对。前翅和后翅分别着生在中胸和后胸背板两侧，前翅大于后翅。蜜蜂的透明膜质翅上有网状翅脉，是翅的结构支架。昆虫翅脉由气管系统演化而来，在一定程度上能表现出系统发育上的亲缘关系，因此翅脉以及由纵横翅脉分割形成的翅室是分类鉴定的重要依据。

足为蜜蜂胸部附肢，分节，每个节间关节处的活动只限于一个平面上，不同关节点的活动水平面不同，使得蜜蜂足的活动有了一定的灵活性。蜜蜂三对足的大小和形状均有所不同，但都是由基节、转节、股节、胫节、跗节和前跗节等6节组成。

（3）蜜蜂成虫的腹段。腹段是蜜蜂消化和生殖的中心，由除第一腹节(并胸腹节)外的腹部其他体节构成。腹腔充满血液,内含复杂的消化、排泄、呼吸、神经、循环、生殖等系统,但外部形态比较简单。每一腹节背板两侧有一对气门,是蜜蜂呼吸系统的开口。

## 二、蜜蜂的分类地位

蜜蜂以群体为单位生存和发展,社会性程度较高。蜂群中任何个体都不能离开群体独立生活。蜂群通常由两种性别的三种类型蜜蜂个体组成,即蜂王、工蜂和雄蜂。蜂王和工蜂是由受精卵发育而来的,雄蜂是由未受精的卵细胞发育而来的。

1. 蜂王。蜂王的任务是产卵,蜂王分泌的激素物质可以抑制工蜂的卵巢发育,并且影响蜂巢内工蜂的行为。蜂王是由工蜂建造王台用受精卵培育而成的。工蜂对蜂王台里的受精卵特别照顾,一直到幼虫化蛹以前始终饲喂蜂王浆,使蜂王幼虫浸润在蜂王浆里。蜂王浆内含丰富的蛋白质、维生素和生物激素,对蜂王幼虫的生长发育,特别是对雌性生殖器官的发育起重要的促进作用。随着蜂王幼虫的生长,工蜂把台基加高,最后封盖。

2. 雄蜂。雄蜂的职责就是和蜂王繁殖后代。雄蜂一生只能与蜂王的交配一次,在交配结束后的几分钟内死亡。雄蜂数目很多,在一个群体内可能达近千只,交配时蜂王从巢中飞出,全群中的雄蜂随后追逐,此举称为婚飞。蜂王的婚飞择偶是通过飞行比赛进行的,只有获胜的一只才能成为配偶。交配后雄蜂的生殖器脱落在蜂王的生殖器中,此时这只雄蜂也就完成了它一生的使命,随后死亡。

3. 工蜂。工蜂是一种缺乏生殖能力的雌性蜜蜂,工蜂的主要任务是采集食物、哺育幼虫、泌蜡、造脾、泌浆清巢、建造蜂巢、保巢攻敌等工作。蜂巢内的各种工作基本上是工蜂们完成的；工蜂与蜂王一样也是由受精卵发育成的。工蜂幼虫时期受到的哺育照料不如蜂王幼虫受到的那样周到，工蜂仅在孵化后的头三天内饲喂蜂王浆，而自第四天起就只饲喂蜜粉混合饲料。因为这种饲料的营养不如蜂王浆高，而且缺乏促进卵巢发育的生物激素。因此，工蜂的生殖器官发育受到抑制，直到羽化为成蜂，其卵巢内仅有数条卵巢管，失去了正常的生殖机能。所以，它们是发育不完全的雌性蜂。工蜂的寿命一般是30—60天。在北方的越冬期，工蜂活动较少，没有参加哺育幼虫的越冬蜂可以活到5~6个月。每群工蜂的数量决定了蜂群的兴盛情况。

### 三、蜜蜂的习性

1.营社会化群体生活。在蜜蜂社会里，它们仍然过着一种母系氏族生活。蜜蜂一生要经过卵、幼虫、蛹和成虫四个变化过程。在它们这个群体中，有一个蜂王（蜂后），它是具有生殖能力的雌蜂，负责产卵繁殖后代，同时"统治"这个大家族。蜂王虽然经过交配，但不是所产的卵都受了精。它可以根据群体的需要，产下受精卵，工蜂喂以花粉，21天后发育成雌蜂（没有生殖能力的工蜂）；也可以产下未受精卵，24天后发育成雄蜂。当这个群体繁衍太多而造成拥挤时，就要分群。分群指的是由工蜂制造特殊的蜂房——王台，蜂王在王台内产下受精卵；小幼虫孵出后，工蜂给以特殊待遇，用它们体内制造的高营养的蜂王浆饲喂，16天以后这个小幼虫发育为成虫时，就成了具有生殖能力的新蜂王，老蜂王即率领一部分工蜂飞出去另成立新群。中华蜜蜂和意大利蜜蜂都是普遍饲养的益虫，在饲养过程中，新蜂王出世后就要人工替它分群，否则会有一个蜂王带领一批工蜂离开蜂巢飞走而损失蜂群的生产力。

2.蜂巢内温度与湿度的调节。蜂群巢脾的两面营造有许多小巢房，这些巢房是供蜂王产卵，卵发育成幼虫、幼虫到蛹然后发育至成蜂的育儿室。卵的孵化、幼虫的成长、蛹的羽化都必须在34—35 ℃环境温度下才能完成，因此巢内需保持恒定的温度。在非哺育区巢脾的温度也需在25 ℃以上，在冬天为了蜂群的生存，群内温度不能低于14 ℃，同时巢内的相对湿度不低于75%。因此调控巢内温、湿度是蜂群生长发育的一项重要措施。经养蜂学专家测定，蜜蜂在14 ℃时每只工蜂每小时耗蜜仅0.3 mg，当温度下降到11 ℃时耗蜜量会增加到11 mg，巢内温度进一步下降耗蜜量进一步上升，温度降到8 ℃以下时，蜜蜂将冻僵而亡。越冬蜂巢内是这样，度夏时的道理也相似。巢内温度在正常育子温度时每只工蜂每小时耗蜜量在0.7 mg，当气温上升到38 ℃时，每只工蜂每小时耗蜜量会上升到1.4 mg以上。

巢内若有一定量的贮蜜存在，这些蜜白天会吸收太阳热量，升温使巢温保持在一定温度区间，晚上蜜降温以放出热量，使巢内保持一定温度。这一调温过程仅利用太阳能，因而不用消耗储存的蜂蜜。这种调温方式对蜜蜂来说是非常重要的也是十分有利的，它是充分利用蜜脾对外界环境热量的吸收与释放而完成的，不用付出劳动和代价就能使巢内保持合适温度，这是最有效的也是最节能的一种方式。因此，越冬巢内的贮蜜量不仅需要考虑蜜蜂过冬够不够吃的问题，还需要考虑蜜蜂保温有没有足够的调温蜜量。

3.蜜蜂的食物。蜜蜂的主要食物是从外界植物中采集回来的花蜜和花粉。能分泌花蜜供蜜蜂采集的植物叫蜜源植物，能产生花粉供蜜蜂采集的植物叫粉源植物,大多数植物既有花蜜又有花粉,统称为蜜粉源植物。蜜粉源植物是蜜蜂生存的基础,也是发展养蜂生产的物质基础。在我国南方地区供蜜蜂采集的蜜粉源植物种类众多,其中最常见的是油菜、柑橘、梨、桃、李、樱桃、蚕豆、刺槐、紫花苜蓿、金银花、玉米等植物。

蜂王的食物是蜂王浆,雄蜂和工蜂的主要食物是蜂蜜和少量花粉。在越冬期因储存的蜂蜜不够整个蜜蜂群过冬期间食用时,蜂农常常会以糖浆、白糖液为蜂蜜的替代食物,以保证蜂群安全过冬。

# 第二章
# 养殖技术

## 一、怎样购买蜂群

### (一)蜂种的选择

我国目前养殖的蜜蜂主要是中蜂和意蜂,意蜂的养殖需要较大的成本和较为先进的技术,适合有经验的养蜂人饲养;中蜂的养殖需要的成本少,适合养蜂新手慢慢摸索养殖经验和小规模的饲养。故养蜂新手选择中蜂比较好,风险较低,周期长,可以有更多的时间了解蜜蜂养殖行业。在蜂种的选购上,要严格根据自己的实际情况来选择,如果没有技术,不建议养殖意蜂。

### (二)选购蜂群的时期

虽然早春蜜源植物开花时的蜂种最贵,但是此时是购买蜂种的最佳时期。因为此后气温日渐回升,并趋于稳定,蜜源也逐渐丰富,有利于蜂群的繁殖,而且当年就可投入生产。其他季节也可以买蜂,但是购蜂后最好能有一个主要蜜源花期。这样即使不能取得多少商品蜜,但是至少可保证蜂群饲料的贮备并培育一批度夏或越冬的蜜蜂。购买蜂群的时期,南方上半年宜在2—3月,下半年宜在9—10月;北方宜在4—5月,在此季节最适宜蜂群的繁殖增长。

### (三)挑选蜂群

1.购买群数。初学养蜂者,不宜大量地购进蜂群,一般以不超过10群为宜,以后随着自身养蜂技术的提高,再逐步地扩大规模。中蜂的蜂种相对比较便宜,不建议饲养者网购蜂群,跨区销售的蜂群往往在养殖中会出现各种各样的问题,选购以知根知底的本地蜂种为好。且蜂群最好向连年高产、稳产的蜂场购买。

2.挑选蜂群。应在天气晴暖时进行,先在巢门前观察。出入勤奋、携粉归巢的外勤蜂数量多,则蜂群一般都比较好。然后开箱检查,工蜂安静,不惊慌乱爬,不激怒蜇人,说明蜂群性情温驯;工蜂腹部较小,体色正常,没有油亮现象,体表绒毛多而新鲜,则表明蜂群健康;蜂王体大、胸宽、腹长且丰满,爬行稳健,全身密布绒毛,色泽鲜亮,产卵时腹部屈伸灵敏,动作迅速,提脾时安静并不停产卵,说明蜂王质量好;卵虫整齐,幼虫鲜亮、有光泽,小幼虫房底蜂王浆较多,无花子烂虫现象,则说明幼虫发育健康。

3.购蜂季节。购蜂的季节不同,对蜂群的群势的要求标准也不同。一般来说,早春蜂群的群势不宜少于2足框,夏秋季应在5足框以上。在繁殖季节还应有一定数量的子脾。蜂王不能太老,最好是当年培育的,最多也只能是前一年培育的蜂王。此时购入的蜂还应有一定贮蜜,一般每张巢脾应有贮蜜0.5 kg。

4.其他注意事项。购蜂时还要注意蜂箱的坚固严密和巢脾巢框的尺寸标准。蜂群购好后,马上就需运走,如在蜂群转运途中,因蜂箱陈旧破损而导致跑蜂就会很麻烦。巢脾尺寸规格不统一标准,就不利于今后的蜂群管理,巢脾的好坏对蜂群的发展至关重要。因此,购蜂虽然不能强求都是好脾,但也不能有太多发黑、咬洞、雄蜂房多的差脾。应该好、差、新、旧脾适当搭配,买卖双方应互相兼顾。

## 二、选定蜂场场址

理想的养蜂场址应具备蜜源丰富、交通方便、小气候适宜、水源良好、场地面积比较宽阔、蜂群密度适当和比较安全等条件。

### (一)蜜源丰富

丰富的蜜粉源是蜂群赖以生存的物质基础。在固定蜂场的2.5 km范围内,全年至少有一种主要的蜜源植物,并在蜂群活动季节还需要有多种花期交错、连续不断的辅助蜜源植物,以保证蜂群的繁殖和多种蜜蜂产品的生产。凡是存在有毒蜜源植物或农药危害严重的地方,均不可作为养蜂场地。蜂场应建在蜜源的下风或地势低于蜜源的地方,以便于蜜蜂负载时顺风而飞,提高蜜蜂采集效率。在蜂群越冬前后,蜂场周围不能有蜜粉源,以防零星的蜜粉源植物诱使蜂群外勤蜂外出采集,刺激蜂王产卵,在气候和饲料都不利于蜂群代谢的情况下,就会影响蜂群的越冬效果。

### (二)养蜂场的交通条件

蜂场的交通条件与蜂场生产和蜜蜂生活都有密切关系。若在交通闭塞处设立蜂场,会给蜂群和蜜蜂产品的运销及养蜂员的生活带来较多困难。一般情况下,交通十分方便的地方,蜜粉源也往往破坏得比较严重。因此,在蜜源和交通不能两全时,既要重点考虑蜜粉源充沛条件,同时也要兼顾蜂场的交通条件。

### (三)适宜的小气候

养蜂场地周围的小气候特点,会直接影响蜜蜂的飞翔天数、日出勤时间的长短、采集粉蜜的飞行强度,以及蜜粉源植物的泌蜜、吐粉量。所以,养蜂场地最好选择在地势高、坐北朝南、背风向阳的地方。如山腰近山麓的南向坡地上,背有高山屏障,南面有一开阔地,春秋季节防寒风侵袭,盛夏可避烈日暴晒,并且凉风习习,有利于蜂群的活动。

(四)水源良好

蜂群和养蜂管理员的生活都离不开水,没有良好水源的地方,不利于建场。在常年有潺潺流水的地方建场则最为理想。此外,还要注意蜂场周围不能有污染或有毒的水源,以免蜂群遭受危害。

(五)保证人、蜂安全

建立蜂场之前,还应先摸清危害蜂群的敌害情况,如蟾蜍、蚂蚁、胡蜂等。最好能避开有这些敌害的地方建场,或者采取必要的防护措施,可能受到山洪冲击或塌方的地点不能建场。山区建场还应注意预防火灾。蜜蜂的飞翔半径为2—3 km,蜜源稀少或枯竭时可飞行5 km左右,因此在蜂场周围5 km范围内最好不要重复建场。养蜂场应远离铁路、厂矿、机关、学校、畜牧场等地方,因为蜜蜂性喜安静,如有烟雾、声响、震动等干扰,会使蜂群不得安宁,引起骚动,无法消耗饲料,严重时会影响离脾子一代的成长,并且容易发生人畜被蜇的事故。在香料厂、农药厂、化工厂以及化工农药仓库等环境污染严重的地方,绝不能建立蜂场。蜂场更不能建在糖厂、蜜饯厂、蜜库的附近,蜜蜂在缺乏蜜源的季节,就会飞到糖厂、蜜饯厂或蜜库采集。这不但影响工厂的生产,还会对蜂群造成一定的损失。

## 三、购置饲养工具

(一)基本工具

1.蜂箱。养蜂追求高产,选择和使用合适的蜂箱是必不可少的措施。目前全国使用较普遍的有中一式中蜂箱、中笼式中蜂箱、中华蜜蜂十框蜂箱、FWF型中蜂蜂箱和GN式中蜂蜂箱等。

(1)中一式中蜂箱。中一式中蜂箱主要流行于四川省南部地区。这种蜂箱可容纳16个巢框,箱体内部采用闸板后可双群同箱饲养。箱体的后壁和箱盖都设计有通风装置,并采用纱覆盖,适用于转地放蜂。有专家实验得出中一式中蜂箱在春季繁殖、维持群势和产蜜量方面均比朗氏蜂箱好。但在干热气候条件下,蜂箱在散热性能、维持群势和保持繁殖等方面均比朗氏蜂箱差。

(2)中华蜜蜂十框蜂箱。中华蜜蜂十框蜂箱,简称"中标箱",1983年被国家标准局批准为我国饲养中华蜜蜂的十框标准蜂箱(GB 3607—83),并于1984年开始实施。中华蜜蜂十框蜂箱由底箱、继箱、巢框、箱盖、纱覆盖、木副盖、隔板、闸板和巢门板等部件构成。采用这种蜂箱,早春可双群同箱饲养,加速蜂群繁殖和维持强大群势,至采蜜期可采用单王,集中力量采蜜;取蜜采用浅继箱,可利用蜜蜂向上贮蜜的习性,生产优质分离蜜和巢蜜。

(3)FWF型中蜂蜂箱。FWF型中蜂蜂箱是福建农业大学蜂学系于1991年研制的。它由巢框、底箱、继箱、箱盖、纱覆盖、隔板、巢门板等部件,以及闸板、框式隔王板和平面隔王板等附件构成。这种中蜂箱配备纱覆盖、木副盖和闸板,其中纱覆盖在蜜蜂转地运输途中使用,木副盖平时用以加强箱内保温,闸板在蜂群越冬期更换框式隔王板使用。该种蜂箱在使用时采取双群同箱饲养,底箱采用框式隔王板将两群中蜂的蜂王隔开,但工蜂可以自由相通,以解决中蜂双群同箱饲养中的偏集问题。当底箱的蜜蜂满箱时,通过叠加继箱扩大蜂巢,并在继箱与底箱之间采用平面隔王板将蜂王限制在底箱产卵繁殖。

目前,我国虽有多种中蜂箱出现,但大多数中蜂仍采用朗氏十框蜂箱饲养。由于朗氏蜂箱是西方蜜蜂蜂箱,饲养中蜂,其容积和脾面都过大,中蜂难以布满脾面保温,越冬和早春蜂群往往保温不良,导致越冬期间死亡率高,早春弱小蜂群发展缓慢。实践证明,在强群及气候温和的条件下,根据中蜂的特点将朗氏十框蜂箱加以改良,或越冬期和早春繁殖期采用双群、甚至多群同箱饲养技术,朗氏蜂箱饲养中蜂的不足可以得到弥补。

2.巢础。巢础是人工制造的蜜蜂巢房的房基,供蜜蜂筑造巢脾的基础。巢础主要有蜡制巢础和塑料巢础两种,目前养蜂者主要使用的是蜡制巢础。蜡制巢础是用蜂蜡作为主要原料,经过巢础机压制而成,使用巢础生产出来的巢脾整齐、坚固,有利于蜂群的饲养管理。

一般巢础都是从专门巢础生产厂家购买,好的巢基应该满足以下三个要求。

(1)巢础应该是由纯蜂蜡制成,如果巢础中矿蜡的含量较高,蜜蜂是不会在上面泌蜡、造脾的,但是我国生产的所有商品巢础都不是用真正纯的蜂蜡来制造的,所以购买时一定要仔细挑选,选择那些含纯蜂蜡占70%以上的巢础。

(2)巢础的房眼必须按照工蜂房的大小标准来制成,标准的意蜂巢础蜂房的宽度为5.31 mm,中蜂巢础蜂房的宽度为4.61 mm,同时还必须保证整张巢脾平整,房眼大小一致,没有雄蜂房。

(3)巢础牢固性好,不易变形。

(二)生产工具

1.取蜜与产浆器械。生产蜂蜜和蜂王浆主要需要以下几种。

(1)割蜜盖刀。简称割蜜刀,是取蜜时用以切除蜜脾两面封盖蜡的手持刀具。有普通冷式割蜜刀、普通热式割蜜刀、蒸汽割蜜刀和电热割蜜刀等多种类型。

(2)分蜜机。又称摇蜜机,是利用离心作用从巢脾中分离蜂蜜的机具。我国目前常用的是两框换面式分蜜机、两框活转式分蜜机、无污染分蜜机。

(3)吹蜂机。是用于取蜜前将蜜脾上的蜜蜂吹脱掉的机具。一般仅花6—8 s就能吹脱掉一个蜜脾继箱的蜜蜂。

(4)脱蜂器。取蜜时脱除储蜜继箱内蜜蜂的器具。蜜蜂能通过此器却不能返回。

(5)割蜜盖机。用于切割蜜脾两面封盖蜡的机具。主要有单刀、双刀、双旋刀、双排针和整箱割蜜盖机。

(6)电动分蜜机。应用最多的是电动辐射式分蜜机。

(7)育王框。人工育王时安放在蜡碗或塑料台基上的器具。其长、高的尺寸与巢框相同,宽度较窄,为13 mm。框的侧条平行嵌装有2—3条木制的台基条。产浆框与育王框相似,框架内木台条3—5条,每一木台条上可有20—34个王台。

(8)蜡碗棒。是沾制蜡碗用的木制模型棒。

(9)人工台基。是进行人工养王和生产蜂王浆时使用的一种人造蜡碗或塑料碗(塑料台基)。

(10)移虫针。指人工移虫育王和蜂王浆生产中用于移取幼虫的工具。主要类型有:金属移虫针、移虫管、鹅毛管、牛角片移虫针、弹力移虫针等。

(11)蜂王产卵控制器。可将蜂王控制在器体内的巢脾上产卵,工蜂则可通过隔王栅自由出入控制器饲喂蜂王,从而获得比较集中且日龄一致并符合需要的幼虫脾。

(12)吸浆器。是一种依靠抽气装置所产生的负压,从台基中吸取王浆的器具。主要类型有:电动真空泵吸浆器、蒸汽式吸浆器、脚踏式吸浆器等。

2.脱粉与集胶的工具。

(1)花粉截留器。又称为脱粉器或巢门脱粉器。为了收集蜂花粉,迫使回巢的采集蜂通过某种型式的障碍物(脱粉板),把大部分的花粉团从蜜蜂后腿上的花粉篮中取下来积于集粉盒中,这种工具称为花粉截留器,又称脱粉器、花粉采集器。花粉截留器由外壳、脱粉板、落粉板、集粉盒等部分组成。脱粉板上的脱粉孔有方形、圆形、梅花形等多种形状。按照使用时放置的部位,截留器有箱底型与巢门型两大类型。我国目前使用巢门型较多。

木制的巢门型花粉截留器其最上面是一块斜形的顶板和一块水平盖板,盖板的内侧与巢箱前壁留有一条10 mm宽的缝隙,作为蜜蜂的上部出口。抽屉形的集粉盒上面为一单层的落粉纱网。盖板与集粉盒中间有一个脱粉框,它的前、后两面钉上铅丝纱网(网眼尺寸4.4 mm×4.4 mm),形成双层脱粉纱网。脱粉框可在截留器两边的侧板间来回抽动。在两端侧板的后面有高40 mm、宽15 mm的空隙,作为蜜蜂的侧面出口。集粉盒和蜂箱巢门之间还斜立一块爬行板,便于蜜蜂出入巢门。

(2)花粉干燥器。促使花粉水分蒸发的设备,主要类型有:电热花粉干燥器、化学花粉干燥器、远红外线花粉干燥器等。

(3)蜂胶采集器。蜂胶是蜜蜂采集植物的树脂树胶,混合蜜蜂的分泌物和蜂蜡后,所形成的一种胶状物质。蜂胶采集器是利用了蜜蜂的生物学习性,采用的一种促进蜜蜂采胶的器具。蜂胶采集器由四部分组成。①集胶装置:集胶器、尼龙纱、白粗布、细小竹木条等。②取胶工具:竹制刮刀、有弹性的竹木棍、冰柜、无毒塑料布等。③容器:无毒塑料袋等。④其他:洗衣粉、毛巾等。

3.蜂毒与制蜡器具。

(1)蜂毒采集器。蜂毒采集器是指通过刺激工蜂蜇刺排毒以生产蜂毒的器具。普遍采用由电源、电网和取毒板构成的电取蜂毒器。取毒器有巢门式、箱底式和封闭式多种。取毒时(以巢门取毒器为例),将取毒器的电网置于巢门口,间歇给电网供电,工蜂停落在电网上,因触电受刺激而蜇刺电网下的取毒板排毒,同时释放警报外激素,引来更多的工蜂,其也受电刺激蜇刺排毒。当电路停电时,排毒工蜂拔出蜇刺飞离。电取蜂毒器的式样很多,有巢门取毒、笼子取毒、副盖取毒等,其中以副盖取毒的效果最好。

(2)蜂蜡制作器具。蜂蜡制作器具是指用来收集、熔解、生产蜂蜡的一类工具,常用的蜂蜡制作器具是熔蜡壶和榨蜡器两大类。一类是熔解蜂蜡的器具:①熔蜡壶,熔化蜂蜡的双层水浴锅;②日光熔蜡器,利用太阳能分离蜂蜡的器具,由双层玻璃盖、箱体、金属浅盘、盛蜡容器和支架组成;③蒸气熔蜡器,利用蒸气热从蜡原料中提取蜂蜡的器具,主要类型有金属蒸气熔蜡锅、高压蒸气熔蜡锅。另一类是榨蜡器:指用压力从碎旧巢脾蜡渣中提取蜂蜡的机具,主要类型有螺旋榨蜡器、液压榨蜡器。

(三)辅助工具

1.饲养管理用具。饲养管理用具是养蜂生产中不可缺少的辅助工具,主要包括保护养蜂者的面网,让蜜蜂镇静的喷烟器,检查管理蜂群使用的起刮刀、蜂扫、隔王板,以及饲养蜜蜂的饲喂器等。

(1)面网及防蜇服。面网、防蜇服是在饲养管理工作中保护操作者头部、颈部、手臂及身体上半身免遭蜜蜂蜇刺的防护用品,目前市售有很多不同款式的防蜇服,均可在蜂具专卖店买到。

(2)起刮刀。起刮刀是养蜂管理的专用工具,通常一端是弯刃,一端是平刃,主要用于在打开蜂箱时撬动副盖、继箱、巢以及刮除蜂箱内的赘脾、蜂胶以及蜂箱底部的污物。

(3)喷烟器。在检查蜂群、采收蜂蜜或生产蜂王浆等操作时,可使用喷烟器镇服或驱逐蜜蜂,减少蜜蜂因蜂巢受到干扰而对操作人员的蜇刺行为,提高工作效率。使用时,把纸、干草或麻布等点燃,置入发烟筒内,盖上盖嘴,鼓动风箱,使其喷出浓烟,镇服蜜蜂使用时注意不要喷出火焰。很多抽烟的养蜂师傅在检查蜂群时吐口烟也能起到预防蜂蜇的目的。

(4)蜂扫。蜂扫是长扁形的长毛刷,在提取蜜脾、产浆框、育王框等操作时可使用蜂扫来扫除巢脾上附着的蜜蜂。

(5)隔王板。隔王板是限制蜂王产卵和活动范围的栅板,工蜂可自由通过。按照使用时在蜂箱上的位置可把隔王板分为平面隔王板和框式隔王板两类。平面隔王板使用时水平放置于巢箱与继箱箱体之间,可以把蜂王限制在巢箱内产卵繁殖,从而把育虫巢箱和贮蜜继箱分隔开,以方便取蜜和提高蜂蜜质量。框式隔王板使用时竖立插入底箱内,可把蜂王限制在巢箱内的几张脾上产卵。

(6)饲喂器。饲喂器是指用来盛放蜜液或糖浆供蜜蜂取食的用具。当外界蜜源条件缺乏进行补充饲喂或刺激蜂王产卵、蜂群繁殖时,需对蜜蜂进行人工饲喂时,就需要用饲喂器来盛放蜜液或糖浆供蜜蜂取食。常用的有以下两种饲喂器。

①瓶式饲喂器。瓶式饲喂器属于巢门饲喂器,由一个广口瓶和底座组成。瓶盖上钻有若干小孔,使用时将装满蜜汁或糖浆的广口瓶盖子旋紧,倒置插入底座中,使蜜汁能够流出而不滴落。将它从巢门插入蜂箱内供蜜蜂吸食,使用瓶式饲喂器进行奖励饲喂,可以避免引起盗蜂。

②框式饲喂器。框式饲喂器属于巢内饲喂器,为大小与标准巢框相似的长扁形饲喂槽,有木制的、塑料的或使用竹子制造的。使用时槽内盛蜂蜜汁或糖浆,并放入薄木浮条,供蜜蜂吸食时立足,以免蜜蜂淹死。框式饲喂器适合用于补助饲喂。

此外,也有把巢框上梁设计得较厚,在巢框上梁上凿出长方形的浅槽,作为奖励饲喂少量蜜汁的饲喂器使用,以节省巢内空间。

2. 限王与搜捕工具。

(1)蜂王诱入器。当用间接诱入法诱入蜂王时,需要将蜂王暂时关进容器内,放到蜂群中,待2—3天证实蜂王被蜂群接受后,再将其释放出来。这种容器称为蜂王诱入器。主要有木套诱入器、扣脾诱入器、全框诱入器。

(2)蜂王笼。是临时贮存蜂王的纱笼,也可用于给蜂群诱入蜂王。

(3)蜂王邮送器。是专门用于邮寄蜂王的装置。通常是用木板或塑料制成长为80 mm,宽为30 mm,高为18 mm的长方形小笼子。

(4)育王框。人工育王时安放蜡碗或塑料台基的器具。其长、高的尺寸与巢框相同,宽度较窄,是13 mm。框的侧条平行嵌装有2—3条木制的台基条。

3. 运蜂与保蜂工具。保蜂工具主要由手动(微型)喷雾器、治螨器、盗蜂预防器和其他工具组成。

(1)手动喷雾器。主要由药罐、动力手柄、喷头和塑料管组成,药液按说明配好,注入药罐,拧紧喷头,即可对蜜蜂喷药,使用简便。

(2)治螨器。主要由加热装置、喷药装置、防护罩和塑料器架等部件组成,药液在输送到喷雾口的过程中被加热雾化,通过巢门或缝隙喷入蜂箱防治蜂螨。

(3)盗蜂预防器。它是安放在巢门口以防盗蜂侵入的器具。它是用两块同样大小的木板制成的,上面一块截成两段:一段固定,另一段可以左右移动,两段的截面即是曲折的通路。

4.其他工具。

(1)蜂场叉车。用于蜂场或取蜜车间的铲车。

(2)蜂场手推车。用于蜂场搬运蜂箱、蜜桶的小型运输车。

(3)运蜂车。专门用于运蜜蜂的机动车。其主要类型有:起重运蜂车、平板运蜂车、中式运蜂车、轻型养蜂车、半挂型养蜂车等。

## 四、中蜂基本养殖技术(活框饲养方法)

中蜂又名中华蜜蜂,是东方蜂蜜的一个亚种,是中国独有蜜蜂品种。中蜂与意蜂相比,具有采蜜期长、适应性强、抗病力强等优势,主要以采集零星蜜源植物为主。中蜂在我国各地都有养殖。

### (一)活框饲养的蜂具

常用的中蜂饲养工具有蜂箱、蜂框、巢基、蜂脾、起刮刀、隔王板、覆布、王笼、蜂扫、铁丝、埋线器、喷雾器、过滤蜂蜜的筛网、蜂蜜桶、王台基、移虫针、摇蜜机、养蜂帽、养蜂衣等。

### (二)中蜂饲养的过箱技术

中蜂过箱是将中蜂蜂群从木桶、树洞、墙洞等固定蜂巢转移到活框蜂箱的操作技术。要进行中蜂的活框饲养,首先要将旧法饲养的蜂进行过箱。

1.野生中蜂、分蜂团的收捕技术。中蜂在自然分蜂和全群飞逃时,都会在蜂场周围的树枝或屋檐下临时结成一个大的蜂团,待侦察蜂只找到新巢后,全群便远飞而去。因此,收捕蜂团应及时、迅速。否则,再次起飞后就难以收捕了。

收捕蜂团一般使用蜂笼,利用蜜蜂向上的习性进行收捕。收蜂笼是竹编的笼子,可用箩筐、草帽等代替,但不能有异味,不能透光,使用前先喷糖水,蜂笼里可绑上一小块巢脾(可抹些蜂蜜)。收捕时,将蜂笼放在蜂团上方,用蜂扫或带叶的树枝,从蜂团下部轻轻扇动,催蜂进笼。待蜂团全部进笼后,再抖入准备好的内放巢脾的蜂箱内。如果蜂团在高大的树枝上,人无法接近时,可用长竿将蜂笼挂起,靠在蜂团的上方,待蜂团入笼后,既轻又稳地放下蜂笼。也可直接将一张带有蜂蜜的脾绑在长竿上,把脾靠在蜂团旁边,等待蜂团上脾。如果蜂团结在小树枝上,可轻轻锯断树枝,直接抖入箱内,待蜂群稳定后再查找蜂王,若蜂王在箱中,余下少量蜂就会自己返回蜂群,否则应再收几次,直到收到蜂王为止。中蜂蜂场中有时会发生多群飞逃、一起结团现象。这时容易发生围王,这就首先要救出蜂王,再分别收捕后放入各蜜蜂群内。

收捕的蜂团一般不要放回原群,应用巢脾或巢础框组成新巢,其他蜂群如有子脾可提入1—2脾到收捕的蜂群中。收捕后第二天,如果蜜蜂出入正常,工蜂采粉归巢,说明已安定下来。待2—3天后再检查,整理蜂巢,晚上饲喂几天,使蜂群安定,早日造好新脾。

2. 过箱的条件和时间。过箱对于蜂群是一种强迫的拆巢迁居。过箱过程中,脾、子和蜜都有一定损失,如不注意就容易飞逃。因此,过箱需要外界有丰富的蜜粉源,气候适宜,蜂有3脾及以上的群势,过箱后的蜂群才能很快修复巢脾安居新巢,迅速恢复和壮大群势投入采蜜。

(1)过箱时间的选定。各地应根据当地的蜜源和气候条件,决定中蜂过箱的时间。过早,虽然蜂群的繁殖时间长一些,但早春气候变化大,常有寒潮袭击,容易冻死幼虫,或者蜜源流蜜不好,巢内缺蜜,会造成蜂群飞逃;过晚,寒冬来临,蜂群不易很快修复巢脾,难于复壮难以过冬。一般情况在大蜜源流蜜之前,利用辅助蜜源,适当补充饲料进行过箱,过箱后蜜蜂修复巢脾快,还可大量采回蜂蜜。一般来说,春天油菜花期的后期,山区的荆条、盐肤木、山花花期之前,过箱的效果很理想,过箱后还可取一部分优质蜂蜜,取得立竿见影的效果。过箱时的适宜温度是15 ℃左右,以春季为宜。春季过箱应在晴天的中午进行,夏季气候炎热,应在早晚进行,也可用红布包着电筒照亮在夜间进行。

(2)过箱前的各项准备。预备过箱的蜂群,如在不便操作的地方,提前一个星期就开始逐日移动至预定地点,每日移动的距离不能超过0.3 m。如果一次移动的距离过大,就会造成蜜蜂混乱,误飞入其他群内,引起相互斗杀。如果准备过箱的蜂群多,过于稠密,就必须进行疏散。最好在头一年冬天,蜂群停止活动后,就把蜂桶移动,每桶之间距离3—5 m。在墙洞里饲养的蜂群,如果要过箱,事先应在墙洞下方钉上两根长的木条,木条上放一个托板。过箱后,将过入标准蜂箱的蜂群,放在托板上,蜜蜂活动恢复正常后,再逐日下降至地面。

过箱的工具主要包括:蜂箱、巢框、割蜜刀、小刀、蜜桶、竹夹(夹绑巢脾用)、麻线和硬纸板、收蜂笼、起刮刀、埋线器、面罩、蜂刷等。这些工具需要提前准备好。

过箱操作过程中需要3—4人合作才能完成。一人驱蜂、割脾;两人修脾、绑脾;一人还脾、收蜂入箱及布置新蜂巢。过箱时,要求动作迅速,整个过程不得超过30 min。因此,人员要分工合作,所需用具应事先准备周全,过箱时才能有条不紊。

(3)过箱的方法。不同的老式蜂巢,应采用不同的过箱方法。常见的主要分为翻巢过箱、不翻巢过箱、借脾过箱三种。

①翻巢过箱。凡是可以翻动的旧式蜂桶，都可进行翻巢过箱，适于木桶、竹篓等蜂窝。具体步骤如下：

第一，将蜂桶外围清理干净，向巢门喷入少量的烟雾，将桶盖轻轻打开，观察好巢脾的建造方位。把蜂巢缓慢转过180°，放稳，使巢脾固着桶的一端朝下，游离的下端向上，巢脾纵向与地平面保持垂直。如果是横卧式蜂桶，巢脾纵向排列的蜂群则顺着巢脾方向旋转90°，放稳，使原巢脾的下端顺着桶口向上。不能从巢脾的正面翻滚过来，以免折断巢脾。

第二，在蜂桶口放收蜂笼，四周最好用布等堵严，再用木棒在蜂桶的下方轻轻敲打，使蜜蜂离脾到蜂笼里结团。如果翻巢后，巢脾横卧的蜂群，木棒则敲打有脾的一端，驱蜂离脾到没有脾的一端结团。操作时不要过急，不然会把已结的蜂团驱散。

第三，割脾、修脾。蜜蜂离脾后，将老巢搬入室内进行割脾。同时把收蜂笼稍垫高一些，放在原来的位置附近，便于回巢的蜜蜂飞入笼内集结。在原来的位置处，放上待用的活框标准蜂箱，巢门与原旧蜂桶的巢门方向一致。割脾时从巢脾基部割下，然后将巢框放在巢脾上，按巢框内围的大小用刀切割，去掉多余部分。小于巢框的新脾，将基部切直。切割时，要尽量保留子脾和粉脾，并适当留下一些蜜脾。没有蜂子的巢脾、不整齐的巢脾、陈旧的巢脾和太小的巢脾，可把其上的蜜脾割下放入蜜桶待取蜜，无蜜的部分留待化蜡。

第四，镶嵌巢脾。脾切好后，立即镶嵌在穿好铁丝的巢框上。立即将巢脾基部紧贴巢框上梁，顺铁丝用小刀逐一划线，深度不能超过巢脾厚度的一半，再用埋线器将铁丝埋入划过的线内。这样，经过蜜蜂修整后巢脾才能牢固地固定在巢框之上。在整个操作过程中，必须经常擦洗手上的蜂蜜，以保持脾面整洁，否则会使蜜蜂延迟护脾，冻死蜂子。

第五,绑脾。脾装好后,用一平板盖于脾上,使其翻转150°,取去板,用"∩"形竹夹自巢框上梁从两面向下夹住装好的脾,再用细麻线在脾下边捆绑牢固即成。每框一般夹2—3个竹夹。新脾性较脆弱,适用于吊绑,脾装好后,用铁丝或麻线在巢框的第二道铅丝下穿过,向上绑于框梁上,吊住巢脾。有大面积子脾的巢脾,为避免蜂子过重,坠烂子脾,可在脾装好后,用硬纸板妥善承托巢脾下缘,再用麻线穿过硬纸板绑牢在上框梁上。

第六,组织新巢,催蜂护脾。脾绑好后,立即将巢脾放置在蜂箱的一侧。脾的排列原则按面积大的子脾放中央,依次放面积小的子脾,两旁放蜜粉脾,最外侧放隔板。蜂路以8—10 mm宽为好。脾放好后,一人手提蜜蜂已结好团的蜂笼,另一人拿覆布。提蜂笼的人要稳,准确地对着蜂脾将蜂抖入新箱内,立即盖上覆布和箱盖,静息几分钟后,可打开巢门,让外面的蜜蜂爬入箱内。如结团的蜜蜂在旧桶内,则将蜂桶竖直,抖蜂箱,发现蜂王已被抖入箱内,立即盖上覆布和箱盖,2—3 min后再开巢门。待蜂完全入箱安静后,打开箱盖,揭开没有放脾一边的覆布,如发现蜜蜂无脾的一侧箱内结团,用蜂扫轻扫蜂团,催蜂上脾、护脾。

②不翻巢过箱。饲养在墙洞里的中蜂群或其他不能翻转的蜂巢,可采用这种方法。首先揭开蜂巢的侧板,观察脾的位置和方向,选择脾多的一端下手,将蜜蜂用烟驱赶到另一端空处结团,然后逐脾喷烟,驱散脾上剩下的蜜蜂,割下巢脾。修脾、装脾和绑脾的方法,与"翻巢过箱"的方法相同。能够搬动的蜂巢,可直接把蜂抖入箱内。无法搬动的蜂巢,可把绑好的脾放旧巢内,蜜蜂上脾后,再连脾带蜂放入活框饲养的箱内,或用手捧或用勺舀蜜蜂入箱,但动作要轻,避免压死蜜蜂,引起蜜

蜂发怒。割脾或舀蜂时如发现蜂王,可先捉住蜂王关入王笼后,放入蜂箱里,就更为顺利。过完箱后,立即把旧巢或墙洞封住,不让蜜蜂再进入。同时把蜂箱放在旧巢门前,打开巢门两三天后,蜜蜂就适应在新蜂箱内生活了。

③借脾过箱。如果已经有活框饲养的蜂群,可采用借脾过箱的方法。从活框饲养的蜂群中,每群抽出1—2框子脾和2脾蜜、粉脾,放入准备好的标准蜂箱内,再把已结团的蜜蜂抖入箱内。旧巢的催蜂离脾、割脾、装脾、修脾和绑脾的方法同前所述,绑好脾之后分别放入被抽脾的活框饲养蜂群中,让蜜蜂修整。这种方法蜜蜂护脾快,巢脾修整也快,过箱操作简便,动作迅速,能避免气温和盗蜂等不利因素的影响,成功率较高。捕回来的野生中蜂也可采用此法,直接进行活框饲养。但搬回时如原巢址离家不到8 km,则先将有蜂的蜂箱搬至8 km以外,10多天后再搬回家附近饲养,否则蜜蜂出巢后仍会飞回原来的野生蜂巢,收捕来的新蜂群,也可按此法直接进行活框饲养。

(4)过箱后的管理。中蜂过箱仅仅是完成了活框饲养重要的第一步。因为中蜂长期生活在树洞、墙洞或木桶里,突然被迫迁到活框饲养的标准箱内,很不适应,再加上过箱过程中严重损失蜂子和蜂蜜,原来的环境受到破坏。所以必须人为地为它们在新蜂箱内创造有利的生活条件,否则过箱后的蜂群还会发生失王和飞逃现象。过箱后在新环境中正常生活,还必须靠养蜂人的精心管理。

①过箱操作后,将蜂箱放在原处。收藏好多余巢脾和蜂桶,清除桌上或地上的残蜜。把蜂巢门缩小到只让2—3只蜜蜂能进出,箱底用干草垫好。

②观察工蜂采集活动状况,过箱后一两个小时后,从箱外观察蜂群情况,若巢内声音均匀,出巢蜂带有零星蜡屑,表明工

蜂已经护脾，不必开箱检查。若巢内声较大或没有声音，即工蜂未护脾，应开箱查看。如果箱内蜜蜂在盖上结团，即提起副盖调换方向，将蜂团移向巢脾，催蜂上脾，蜜蜂若在箱壁上结团，可将巢脾移近蜂团让蜂上脾。

③过箱的第二天观察到工蜂积极进行采集和清巢活动，并携带花粉回巢，表示蜂群已恢复正常；若工蜂出勤少，没有花粉带回，应开箱检查原因进行纠正。若蜜蜂没有上脾护脾，集结在副盖或箱壁上，按上面方法护蜂上脾。如有坠脾或脾面已被严重破坏者，应立即抽弃，若只有少部分下坠，可重新绑脾。同时检查蜂王是否存在，蜂王最好剪翅以防逃跑。如果发现已经失王，即选留1—2个好王台，或诱入一只蜂王，或与邻箱合并。

④开箱进行检查，过箱后第2—4天再检查一次，检查蜂王是否已经产卵，巢内有无存蜜。如果蜂王已经产卵，而且有存蜜，说明过箱已经成功。若巢内缺蜜，应马上饲喂糖水。脾上蜜蜂稀少，应适当抽出多余巢脾，使蜜蜂密集在脾上。7天之后，即可解去竹片、麻线等物，解完后把蜂路缩小到8—9 mm。

⑤如果外界蜜源条件好，10天左右就可以加巢础，造新脾，用新脾逐渐换去老脾。

过箱后检查次数不宜太多，每次检查时间不能过长。检查应在天气暖和的情况下进行，气温低、下雨天不要开箱检查。主要以箱外观察为主，如在箱外观察到蜜蜂忙碌采蜜，后足带着花粉回巢，生活秩序有条不紊，表示蜂群已安居新巢，过箱已成功。

(三)中蜂的饲养与管理技术

1.养蜂场址的选择。中蜂适合定点饲养，也就是说养蜂场地基本是固定的，因此选择场址是十分重要的。选择场址时最好满足以下三个条件：

(1)蜜粉源丰富,在蜂场周围2—3 km范围内,要求蜜粉源植物面积大、数量多、长势好、粉蜜兼备,一年中要有两个以上的主要蜜源和较丰富的辅助蜜粉源。

(2)环境良好,蜂场应选在地势高燥、背风向阳、前面有开阔地、环境幽静、人畜干扰少、交通相对方便、具有洁净水源的地方。凡是存在有毒蜜源植物或农药危害严重的地方,都不宜作为放蜂场地。

(3)远离其他蜂场,中蜂和意蜂一般不宜同场饲养,尤其是缺蜜季节,西方蜜蜂容易侵入中蜂群内盗蜜,致使中蜂缺蜜,严重时引起中蜂逃群。此外,应避免选择在其他蜂场蜜蜂过境地(其他蜂场蜜蜂飞经的地方),以免出现盗蜂。

2.蜂群的饲养与管理。

(1)蜂群的排列。中蜂的认巢能力差,但嗅觉灵敏,当采用紧挨、横列的方式布置蜂群时,工蜂常误入邻巢,并引起格斗。因此,中蜂的蜂箱应依据地形、地物尽可能分散错落排列;各群的巢门方向应尽可能错开。蜂箱排列时,应采用箱架或竹桩将蜂箱支离地面30—40 cm,以防蚂蚁、白蚁及蟾蜍危害。

在山区,利用斜坡布置蜂群可使各箱的巢门方向、前后高低各不相同,达到理想状态。如果放蜂场地有限,蜂群排放密集,可在蜂箱前壁涂以黄、蓝、白、青等不同颜色和设置不同图案方便蜜蜂认巢。对于转地采蜜的中蜂群,由于场地比较小,可以3—4群为1组进行排列,组距1—1.5 m。但两箱相靠时,其巢门应错开。饲养少量的蜂群,可选择在比较安静的屋檐下或篱笆边作单箱排列。矮树丛多的场地,蜂箱可以安置在树丛一侧或周围,以矮树丛作为工蜂飞翔和处女王婚飞的自然标记,也可以减少迷巢现象。

(2)蜂王与王台的诱入技术。在组织新蜂群、更换老劣蜂王以及蜂群因某些原因失王后需补入蜂王、组织交尾群、人工授精或引进良种蜂王时，都必须向蜂群中诱入优良蜂王和王台。如处理不当，往往会发生工蜂围杀蜂王现象。诱入蜂王有直接诱入和间接诱入两种方法。

①直接诱入法。外界大流蜜时，无王群对外来产卵王容易接受，可直接诱入蜂群。具体做法是：傍晚，给蜂王身上喷上少量蜜水，轻轻放在巢脾的蜂路间，让其自行爬上巢脾；或将交尾群内已交配的、产卵的蜂王，用直接合并蜂群的方法，连脾带蜂和蜂王直接合并入失王群内。诱入后观察到工蜂不拉扯、不撕咬蜂王，即表明诱入成功；如工蜂围杀蜂王，应立即解救，改用间接诱入。

②间接诱入法。此法就是将诱入的蜂王暂时关进诱入器内，扣在巢脾上，经过一段时间蜂王与接受群内工蜂气味相同时再放出来，这种方法比较安全。诱入器一般用铁纱做成，安放时应放在巢脾有蜜处，以免蜂王受饿。

③王台的诱入。人工分蜂、组织交尾群或失王群都可诱入成熟王台，即人工育王的复式移虫后第十天，即将出房的王台。诱入前，必须将蜂王捉走1天以上，产生失王情绪后，再将成熟王台割下，用手指轻轻地压入巢脾的蜜、粉圈与子圈交界处王台的尖端应保持朝下的垂直状态，紧贴巢脾。诱入后，如工蜂接受，就会加以加固和保护。第二天，处女王从王台出房，经过交配、产卵成功后，才算完成。

④被围蜂王的解救。围王是指在异常情况下，蜂王被工蜂所包围，形成一个小的蜂团，并伴以撕咬蜂王。如解救不及时，蜂王就会受伤致残，甚至死亡。围王现象在合并蜂群、诱入蜂王、蜂王交配后错投他群或发生盗蜂时经常发生。主要由蜂王散发的气味与原群不同，工蜂不接受所引起的。

解救被围蜂王的办法是：向围王工蜂喷水、喷烟或将蜂团投入温水中，使工蜂散开，救出蜂王。切不可用手或用棍去拨开蜂团，这样会导致工蜂越围越紧，很快把蜂王咬死。救出的蜂王，要仔细检查，如肢体完好，行动仍很矫健者，可放入蜂王诱入器，扣在蜂脾上，待完全被工蜂接受后再放出；如果肢体已经伤残，应立即淘汰。

(3)工蜂产卵的处理。蜂群失王之后，会出现工蜂产卵现象。一般失王后3—5天就可以发现工蜂产卵。工蜂的产卵很不规则，常一个巢房内产几粒卵，不都产在房底，有的产在房壁。工蜂未经与雄蜂交配，所产的卵全为未受精卵，如不及时处理，全都发育成为雄蜂，蜂群也就自然消亡。中蜂最容易发生工蜂产卵，应特别注意及时给失王群诱入蜂王或成熟王台，如时间过久，很难诱入蜂王。工蜂产卵是受到内外因素影响而发生的，往往出现在夏季。由于夏季天热，养蜂者管理不到位造成失王，很长时间不查看蜂群，失王过久导致工蜂产卵。养蜂人平时要做到群群心中有数，不得大意。

工蜂产卵的蜂群，应立即把工蜂所产的卵虫、巢脾从群内取出，让工蜂暂栖于覆布下的几个空框上，并使巢内无蜜、无粉，用饥饿法促使工蜂卵巢萎缩，失去产卵机能。第二天选一优质老蜂王(或老王台，如果没有备用王，也没有王台，那就只好跟有王小群合并)，挂于笼内蜂团中，稳定蜂群情绪，同时用饲喂器喂少量糖水。第四天观察，若没有围王现象，可调入1张有蜜、粉和虫、蛹的脾，使蜂群外出采集。第五天调入供蜂王产卵的脾，同时放王，较短时间内蜂群能够迅速壮大。

如果工蜂产卵久了，产上3—4张子脾，并且也有3—4张已封的话，那就只好提出封盖子脾用快刀把封盖部分房盖割掉，再用清水冲洗所有工蜂的卵虫脾，把脾上的水甩干，分开加到其他强群进行清理,经过4—5次反复清洗就可以了。把原工蜂产卵箱带蜂一起移动到50 m外的地方,当晚把工蜂产卵箱的脾全部抖掉蜂拿出来,再加上副盖、大盖。工蜂产卵的原址,重放一空蜂箱,再从其他蜂群调进一张带王带蜂的大虫脾和一张糖粉脾,隔两天后,看蜂多少再适当加脾。

如果失王过久,工蜂产卵超过20天,诱入蜂王困难,可将蜂群拆散,分别合并到其他的蜂群里去,或把工蜂抖散在蜂场内,任其自行选择新群。

(4)咬脾的处理。爱咬脾是中蜂的生理特性,给管理造成不便,使巢脾的完整性遭到破坏,咬碎的蜡屑容易滋生巢虫,如已发现工蜂咬脾,应立即用新脾换去咬坏的巢脾,并清除咬下的蜡屑,避免巢虫滋生危害蜂群。防止咬脾的方法主要有:①蜜源植物大流蜜时,多造脾,经常用新脾更换老脾,换下来的老脾另行保管;②蜂巢里经常保持蜂多于脾或蜂脾相称,抽出多余的空脾另行保管;③越冬时,将整张巢脾放在蜂巢两边,半张巢脾放在蜂巢的中央,箱内巢脾排列成"凹"形,以利蜜蜂结团。

(5)防止盗蜂。中蜂嗅觉灵敏,搜索能力强。当蜜粉源缺乏时,比西方蜜蜂更容易发生盗蜂。盗蜂一般发生在相邻蜂群之间。有时两个相邻的蜂场,由于饲养的蜂种不同,或群势相差悬殊,也会发生一个蜂场的工蜂飞去盗另一蜂场的蜂群贮蜜。一旦发生盗蜂,轻则被盗群的贮蜜被盗空,重则大批工蜂斗杀死亡。蜂王遭围杀,而引起全群毁灭。如果全场起盗,损失更加惨重。盗蜂也会传播疾病,引起疾病蔓延。因此,防止盗蜂,是蜂群管理中最重要的一个环节。

①盗蜂的识别。盗蜂多为老蜂,体表绒毛较少,油亮而呈黑色。发生盗蜂时老蜂在其他群蜂箱外打转,寻找入侵的孔隙,蜂箱前有蜜蜂咬杀现象。飞翔时躲躲闪闪,不敢面对守卫

蜂,当被守卫蜂抓住时,试图挣脱。蜂进巢前腹部较小,出巢时吃足了蜜,腹部膨大。

②盗蜂的预防措施。

a.选择蜜源丰富的场地,坚持常年养强群,是预防盗蜂的关键。

b.平常检查蜂群时,动作要快,时间要短。

c.在繁殖期、蜜源尾期和蜜源缺乏时期,合并弱群和无王群,紧缩蜂巢保持蜜蜂密集,留足饲料,缩小巢门,填补蜂箱缝隙。

d.饲喂蜂群时,勿使糖汁滴落箱外。

e.断蜜期,应尽量不在白天开箱检查,不给蜂群饲喂气味浓的蜂蜜,不用芳香药物治螨。

f.蜂巢、蜂蜡和蜂蜜切勿放在室外,不要把蜂蜜抖散在蜂场内。

g.中蜂和西蜂不应同场饲养,西蜂场应离中蜂群较远。当与意蜂同场地采蜜时,应提前离场。

③盗蜂的制止。一旦出现盗蜂,应立即缩小被盗群的巢门,以加强被盗群的防御能力和造成作盗群蜜蜂进出巢的拥挤。用乱草虚掩被盗群巢门,或者在巢门附近涂石碳酸、卫生球、煤油等驱避剂,迷惑盗蜂,使盗蜂找不到巢门。如还不能制止,就必须找到作盗群,关闭其巢门,捉走蜂王,造成其不安而失去盗性。或将被盗蜂群迁至5 km之外,在原处放一空箱,让盗蜂无蜜可盗,空腹而归,失去盗性。

如果已经全场起盗,将全场蜂群全部迁到直线距离5 km以外的地方,这是止盗最有效的方法。将蜂群迁至有蜜源的地方,盗蜂会自然消失。

(6)防止蜂群飞逃

①飞逃原因。中蜂飞逃的原因有多种,大致有缺蜜、敌害干扰、环境不适和保留分蜂意念的飞逃。

缺蜜飞逃:中蜂不同于意蜂,为了生存,缺蜜时易飞逃。中蜂缺蜜飞逃过程先是巢内贮蜜不足,外面长期无蜜可采蜂群产生弃巢意念,蜂王停产,幼蜂全部出房后,将最后一点蜜吃尽便弃巢而去,在新的地方安家落户。

敌害干扰:引起飞逃的主要敌害有巢虫、胡蜂和糖蛾。巢虫是慢性侵害,使蜂群逐步衰弱无法生存而飞逃;胡蜂对蜜蜂生存的影响很大,几只胡蜂进入箱内蜜蜂还抵挡得住,多了蜜蜂抵御不了,只有飞逃;夜糖蛾虽不直接伤害蜜蜂,但强劲的振翅会把蜜蜂撵得东逃西散,贮蜜被吃尽,蜂群被迫飞逃。

环境不适:外界蜜粉源变化、蜂箱振动、蜂巢多代育子,使巢脾房壁增厚、变硬,蜜蜂欲咬去再造新脾,但力不从心、半途而废,难以再造新脾,造成断子而飞逃;蜂箱长时间被日晒,蜜蜂难以调节巢温,育子生存不适而飞逃。总之,有多种环境因素,较为复杂。

分蜂意念:这种飞逃发生于自然分蜂收捕群。分蜂蜂群被收捕安置后,蜂群内还存在着分蜂暂时结团意念,如没有子脾作恋巢诱引,蜂群一般都要另投新居。

②中蜂逃群的预防。

a.平常要保持蜂群内有充足的饲料,缺蜜时应及时调蜜脾补充或饲喂补充。平时打开蜂箱抽取有蜂附着的最边脾,此脾无蜜就应及时补喂。如到了没有幼虫、只有少量封盖子时才喂,就恰好适合蜜蜂逃跑,喂后马上飞逃;如发现无幼虫,不能急于补喂,应先从别群抽取幼虫脾放入该群后才可饲喂。

b.当蜂群内出现异常断子和新收捕的蜜蜂,应及时调幼虫脾补充。

c.平常保持群内蜂脾比例为1∶1,使蜜蜂密集。

d.注意防治蜜蜂病虫害。

e.采用无异味的木材制作蜂箱,新蜂箱可采用淘米水洗刷后使用。

f.蜂群排放的场所应选僻静、向阳遮阳,蟾蜍、蚂蚁无法侵扰处。

g.尽量减少人为惊扰蜂群。

h.蜂王剪翅或巢门加装隔王栅片。

i.填补蜂箱其他地方的孔洞,缩小巢门预防糖蛾等危害。

③中蜂逃群处理方法。

a.逃群刚发生,但蜂未出巢时,立即关闭巢门,待晚上检查处理(调入卵虫脾和蜜粉脾)。

b.当蜂王已离巢时,按收捕分蜂团的方法收捕和过箱。

c.捕获的逃群另箱异位安置,并在7天内尽量不打扰蜂群。

d.当出现集体逃群的"乱蜂团"时,初期关闭参与迁飞的蜂群,向关在巢内的逃群和巢外蜂团喷水,促其安定。准备若干蜂箱,蜂箱中放入蜜脾和幼虫脾。将蜂团中的蜜蜂放入若干个蜂箱中,并在蜂箱中喷洒香水等来混合群味,以阻止蜜蜂继续斗杀。在收捕蜂团的过程中,在蜂团下方的地面寻找蜂王或围王的小蜂团,解救被围蜂王。用扣王笼将蜂王扣在群内蜜脾上,待蜂王被接受后再释放。收捕的逃群最好移到2—3 km以外处安置。

e.防止"冲蜂"。蜂群迁飞起飞之后,因蜂王失落,投入场内其他蜂群而引起格斗的现象,称为"冲蜂"。冲蜂会使双方大量死亡。当出现这种情况时,应立即关闭被冲击蜂群的巢门,暂移到附近,同时在原地放1个有几个巢脾的巢箱。待蜂群收进后,再诱入蜂王,搬往他处然后把被冲击群放回原位。

(7)蜂群的早春繁殖。春季,气候转暖,蜜源植物逐渐开花流蜜,是蜂群繁殖的主要季节。春季蜂群的发展,首先是依靠产卵力强盛的蜂王,此外还须具备下列条件:适当的群势;充足粉、蜜饲料;数量足够的供蜂王产卵的脾;良好的保温、防湿条件;无病虫害等。

①加强保温。早春繁殖期间,保温工作十分重要。具体应做到下列几点。

a.密集群势。早春繁殖应保持蜂脾相称,保证蜂巢中心温度达到35 ℃,蜂王才会产卵,蜂子才能正常发育,应尽量抽出多余空脾。随着蜂群的发展,逐渐加入巢脾,供蜂王产卵。

b.蜂巢分区。在蜂巢里,蜂王产卵、蜂儿发育的区域,温度要在35 ℃左右,这些区域称为"暖区"。而贮存饲料和工蜂栖息的区域,对温度条件要求不太高,称为"冷区"。早春,把子脾限制在蜂巢中心的几个巢脾内,便于蜂王产卵和蜂儿发育。边脾供幼蜂栖息和贮存饲料,也可起到保温作用。

c.防潮保温。潮湿的箱体或保温物,都易导热,不利保温。因此,放早春场地应选择在高燥向阳的地方,气温较高的晴天应晒箱、翻晒保温物,糊严箱缝,防止冷空气侵入。随着蜂群的壮大,气温逐渐升高,慎重稳妥地逐渐撤除包装和保温物。

d.调节蜂路和巢门。气温较低时,应缩小蜂路和巢门。夜间,巢门有时可关闭。

②奖励饲喂。当蜂王开始产卵,尽管外界有一定蜜粉源植物开花流蜜,也应每天用稀糖浆(糖和水比为1∶3)在傍晚喂蜂,刺激蜂王产卵,糖浆中可加入少量食盐、适量的抗生素和磺胺类药物,预防囊状幼虫病发生。

③扩大蜂巢。在繁殖初期,一个中蜂群大约4—5框巢脾,可供产卵的巢房有7000—9000个。如果一个蜂王每天产700粒

卵,那么10天左右就把所有空房产满。因此及时扩大蜂巢,提供产卵空房,是保证蜂群快速繁殖的重要措施。扩大蜂巢最便利的方法,就是用保存的空脾及时放入蜂群供蜂王产卵。也可用一半巢础造脾,造脾时蜂群奖励饲喂,或者把旧巢脾切去下半部,放回蜂群中,让蜂向下造脾。只有当气温较高(25 ℃以上)外界蜜源丰富时,才能放入整张巢础让群造脾,做好一张后再放入另一张。

(8)蜂群流蜜期的管理。当主要蜜源植物开花时,如广东的荔枝、鸭脚木,江西的紫云英、桂花,四川的油菜、乌桕树,北京的荆条等植物的开花期是主要流蜜期。流蜜期是养蜂生产的黄金季节,应组织强大的群势。

①组织采集蜂。一般来说,15日龄以上的工蜂才外出采集花蜜和花粉。除了有大量的采集蜂,还应有大量的内勤蜂。因此,在大流蜜前40—45天就应该着手培育采集蜂和内勤蜂。幼蜂羽化出房,到采蜜期便可投入采集。在流蜜期里,如果采蜜群内幼虫太多,大量的哺育工作会降低蜂群的采集和酿蜜的力量,从而降低产量。因此,应在流蜜前6—7天开始限制蜂王产卵,保证蜂群进入流蜜期后集中力量投入采集和酿蜜;流蜜期结束之前,应恢复蜂王产卵。主要方法是用框式隔王板将蜂王控制在巢箱内的1个小区内(内放封盖子脾和蜜、粉脾)。流蜜期结束前,撤去隔王板即可。

流蜜期前,蜂群里积累了大量的幼蜂,泄蜡能力强,是造脾的大好时机。因此,应及时加巢础框,多造脾、造好脾,供流蜜期贮蜜之用,也可预防分蜂热。

②流蜜期的管理。主要蜜源开始流蜜时,从最先开始采蜜的蜂群里取出新蜜,喂给尚未开始采集的蜂群,通过食物传递,

使全场蜂群投入采蜜,会增加产量。在主要流蜜期扩大蜂巢,给蜂群增加贮蜜空间,保证蜂群能及时产蜜和贮蜜,这是高产的关键措施。可在巢箱上面加继箱。此外,应及时加入巢础框造脾,以加入已造好一半的巢脾效果最好。酿造1 kg蜂蜜,要蒸发2 kg水。因此为了尽快把蜂箱内的水分排出去,应扩大巢门,揭去覆布,只盖纱盖,打开通风窗放开蜂路。同时应在夏天注意遮阴防晒。

当继箱内的蜜脾上部将要封盖时,或少部分蜜房已经封盖时,即可取蜜。取蜜一定要取成熟蜜。

③生产优质蜜的方法

优质蜂蜜应具其天然特色,色、香、味保持所采蜜源的特点,必须是成熟蜜,并且不得混有蜡屑、空气泡,蔗糖含量不能过高(不超过5%),水分不能太多。

a.去除杂蜜。每个花期,所取的第一次蜜,一般混有前一花期的蜜,应在流蜜4—5天之后,进行一次全面清脾,取出杂蜜,保证生产纯度较高的单一花种蜂蜜。

b.使用新脾。新空脾可避免旧蜜和杂花蜜残留,因此,使用新脾能保证蜂蜜的新鲜度。

c.取成熟蜜。优质蜂蜜的含水量应在18%左右,最多不超过20%,要达到这一标准应该取封盖蜜或即将封盖的成熟蜜,即巢蜜。

d.强群生产。强群不仅产量高,同时也因群强,酿制蜂蜜的速度快、易成熟,所以用强群也能优质。

e.滤除杂质。取蜜时应及时进行过滤,避免蜡屑、死蜂和其他杂质混入。取出的蜜装好后,尽量不要翻桶。

④控制分蜂热。一般情况下在流蜜期采蜜群群势较强,容

易产生分蜂热,特别是遇到阴雨天。流蜜期蜂群产生分蜂热,出勤工蜂大大减少,会在生产上的造成很大的损失。控制分蜂热应从管理入手,尽量给蜂王创造多产卵的条件,增加哺育蜂的工作负担,调动工蜂采蜜和育虫的积极性。

(9)蜂群的越夏期管理。夏季,我国南方气温多在35 ℃以上,又值雨季,蜜源缺乏,病、敌害多,是蜂群生活最困难的时期。降温是中蜂夏季管理的重点。夏季来临前,应利用春季蜜源,培育新王、换王,留下充足的饲料,并保持3—5框的群势,因群势越强,消耗越大,不利越夏。越夏期首先保证群内有充足的饲料,除补足饲料外,转至半山或气候温和、有蜜源的地方饲养;在炎夏烈日之下,应特别注意把场地选择在树荫之下,注意遮阴和喂水。为了降低群内温度,应注意加强蜂群通风,可去掉覆布,打开气窗,放大巢门,扩大蜂路,应做到脾多于蜂。管理上应注意少开箱检查,如需检查蜂群,应安排在上午10点以前,预防盗蜂的发生。

夏季,蜜蜂的敌害(胡蜂、蜻蜓、蟾蜍)很多,巢虫繁殖很快,应作特别注意防治;农作物也常施用农药,应防止农药中毒。

(10)秋季的蜂群管理。秋季的蜂群管理至关重要,直接影响着第二年蜂群的发展和蜂产品的质量。秋季除生产蜂产品外,还应做好育王、换王,培育适龄越冬蜂的工作。

①培育适龄越冬蜂。秋季主要蜜源植物开花时,蜜粉均丰富,培育出的蜂王质量好。因此,应抓住这一时机,培育一批优质蜂王,换去老劣蜂,以秋王越冬,产卵力强,有利于早春繁殖及蜂群加快繁殖速度。应在花期开始,就要着手进行培育越冬蜂,注意蜂箱的防湿、保温和紧缩蜂巢,做到蜂脾相称。用新王产卵,培育采集蜂。如果流蜜好天气好,应主要生产优质冬蜜;如果流蜜差,天气不好,就应以保蜂为主,加强夜间保温,抽出

多余空脾,做到蜂脾相称。如饲料不足,应补充饲喂,防止蜂缩小蜂路。尽量保持一定群势,培育羽化出一批新蜂,进入越冬期。

②冻王停产。当气温下降,蜂王产卵量减少,应利用寒潮,扩大蜂路,撤去保温物,让蜂王停产。待封盖子全部羽化出房,割去中央巢脾少量的刚封盖的蜂房盖,将脾换出。换上消过毒的蜂脾,然后再进行越冬包装。

③补足越冬饲料。越冬饲料的质量和数量直接影响蜜蜂的安全过冬。因此,越冬包装之前,若饲料不够,可采用灌脾的方法,将优质蜂蜜或糖水(糖与水之比为1∶1)灌在巢脾上,供蜜蜂越冬消耗,切勿喂入劣质蜂蜜或糖水,否则蜜蜂会因下痢而提前死亡。

(11)蜂群的越冬期管理包装。冬季白天气温低于10—12 ℃时,蜜蜂就停止飞翔。如不保温,弱群在外界气温12 ℃时开始结成蜂团,强群大约在7 ℃时才结成蜂团。越冬蜂的管理概括起来就是蜂强蜜足,加强保温,向阳背风,空气流通。这也可以说是蜂群安全越冬的基本条件。

①调整蜂群。应对全部蜂群进行1次全面检查,根据检查情况,进行蜂群调整。抽出多余的空脾,撤除继箱,只保留巢箱。如果蜂群太弱,可将巢箱中央加上隔板,分隔两室,每一室放一弱群,进行双王同箱饲养,两个弱群可以相互保温。强群也应保持蜂多于脾。②囚王断子。可用囚王笼将蜂王囚于其中,大约15天,让蜂王彻底断子,得以休息。③换脾消毒。紧缩蜂巢囚王断子后,巢内已无蜂子,可将巢脾提出,用硫黄烟熏,清水冲洗晾干之后,再放入群里,然后紧缩蜂巢,让蜂多于脾,才有利于越冬。

②越冬保温工作。

a.箱内保温。将紧缩后的蜂脾放在蜂巢中央,两侧夹以保温板。两侧隔板之外,用稻草扎成小把填满空间,框梁上盖好覆布,缩小巢门即可。

b.箱外包装。分单群包装和联合包装两种。单群包装是做好箱内保温后,在箱盖上面纵向先用一块草帘,把前后壁围起,横向再用一块草帘,沿两侧壁包到箱底,留出巢门,然后加塑料薄膜包扎防雨。联合包装是先在地上铺好砖头或石块,垫上一层较厚的稻草,然后再将带蜂的、经过内保温的蜂箱排在稻草上面,每2—6群为一组,各箱间隙也填上稻草,前后左右都用草帘围起来。缩小巢门,然后用塑料薄膜遮盖防雨。

③越冬管理。做好保温工作之后,越冬期千万不要经常开箱检查,以箱外观察为主。如发现部分工蜂出巢扇风,说明巢内闷热,应加大巢门,或短时撤去封盖上的保温物,加强通风,还要防止鼠害。

## 五、西蜂基本养殖技术

### (一)蜂群的春季管理

1.早春蜂群状况与管理。

(1)蜂群特点。春季气候转暖,蜜源植物逐渐开花流蜜,是蜂群繁殖的主要季节。蜂群早春繁殖的好坏是影响全年蜂蜜、蜂王浆等产品产量的关键因素。春季蜂群的发展,首先是依靠产卵力强盛的蜂王,其次还须具备充足的粉、蜜饲料,良好的保温、防湿措施,无病虫害暴发等条件。

我国各地气候、蜜源不同,蜂群本身有强有弱,蜂王有优劣,早春蜂群恢复活动和蜂王产卵时间也有先有后。长江中下游地区蜂王在2月初开始产卵。近年来,由于气候变暖,蜂群早春繁殖也和以前不同。在长江中下游地区,过去是在农历立春前后开始繁殖蜂群,进而采集全年第一个主要蜜源植物——油菜花。近几年蜂群的春繁都在小寒前后开始,比之前提早近一个月,蜂群在油菜花初开时就发展为强群,可以提前开始生产蜂王浆。

早春繁殖时间可以根据经验灵活改变。在长江中下游地区油菜面积大,在3月10日前后就可以生产蜂王浆,在3月15日左右就可以取蜂蜜。一般每个继箱可取蜂蜜30 kg左右,收入十分可观。蜂王在蜂巢中温度达到34—35 ℃时开始产卵,产卵圈按椭圆形扩大。随着蜂王开始产卵,工蜂需要吃更多的花粉,才能分泌蜂王浆饲喂幼虫。由于早春气温较低,蜂群较弱,蜜蜂结团并消耗更多蜂蜜以保持巢内温度。天气晴暖时,蜜蜂会散团,出巢排泄和采集。如果阴雨连绵,工蜂不能出巢排泄,腹内积粪过多,会影响工蜂饲喂能力,进而影响蜂群的繁殖。

蜂群越冬会出现失王现象,而且会有很多老蜂死亡落于箱底。开春后,选择晴暖无风天气,对蜂群进行一次快速全面的检查,以了解蜂群越冬饲料消耗状况、蜂王损失情况等。如果出现肚子膨大、肿胀,爬在巢门前排粪,表明越冬饲料不良或受潮;有的蜂群出箱迟缓,飞翔蜂少,而且飞得无精打采,表明群势弱,蜂数较少;个别群出现工蜂在巢门前乱爬,秩序混乱,说明已经失王;如果从巢门拖出大量蜡屑,有受鼠害之疑。对缺乏贮蜜的蜂群要及时补入大蜜脾;无王群及时介绍储备蜂王或结合群势调整并入他群。借全面检查之机,用蜂箱清理铲把箱底死蜂、碎蜡渣、霉变物等清除干净,这样既保持了群内卫生,又减少了蜜蜂清理死蜂等的工作负担。囚王越冬的蜂场,可同时将蜂王放出王笼。这次全面检查也是促进蜜蜂排泄的一次良好机会。

(2)放王产卵。在秋季适时使用囚王笼控制蜂王产卵是许多蜂农的做法。如果不囚王,在冬天蜂王会繁殖出众多无用的工蜂。囚王的目的就是抑制蜂王卵巢发育,减少其产卵。囚王后能减少越冬蜂的损失,使蜜蜂安静地结团,进入半休眠状态,不但延长了蜜蜂寿命,还能减少饲料的消耗。此外,还便于蜂王休养生息,利于来年繁殖。

初养蜂的蜂农往往控制不好早春蜂王产卵。放王过晚,会影响蜂群的繁殖,进而影响蜜粉源的采集;而放王过早,则因早春天气寒冷,工蜂不能外出采水,外界又无蜜粉源,结果消耗了大量饲料,培育出的新蜂又不健壮。因此及时放王产卵,既节省饲料,又能培育大批采集蜂。华北地区的蜂群一般在3月初放王,长江中下游地区在1月初放王。

从放王前2—3天开始,每天或隔天对蜂群进行奖励饲喂,每群蜂喂糖水(糖水质量比为1:1)200—300 g,以蜜蜂够吃为宜。放王后1—2天,蜂王即开始产卵。若蜂箱中没有粉脾在放王后5天就可以开始饲喂花粉。蜂王开始产卵后,尽管外界有一定蜜、粉源植物开花流蜜,也应每天用糖水喂蜂,以刺激蜂王产卵,糖水中可加入少量食盐,也可饲喂一定的中草药制剂预防幼虫病发生。

(3)促蜂排泄。蜜蜂在越冬期间一般不飞出排泄,粪便积聚在后肠中,使后肠膨大几倍。春季,当蜂王开始产卵后,蜜蜂将蜂巢内育虫区温度调整在34—35 ℃,蜜蜂饲料的消耗增加,使蜜蜂腹中粪便积累增多。因此,为了保证蜜蜂的健康,到了越冬末期一定的时间,必须创造条件,促进蜜蜂飞翔排泄。

选择晴暖无风、中午气温在10 ℃以上的天气,在上午10点至下午2点,取下蜂箱外的保温物,打开箱盖,让阳光晒暖覆布,提高蜂巢温度,促使蜜蜂出巢飞翔排泄。若同时喂给蜂群100 g

50%(质量分数)的糖水,更能促进蜜蜂出巢排泄。如果蜂群在室内越冬,应选择晴暖天气,把越冬蜂搬出室外,两两排开,或成排摆放,让蜜蜂排泄飞翔后进行外包装保温。排泄后的蜂群可在巢门挡一块木板或纸板,给蜂巢遮光,保持蜂群的黑暗和安静。在天气良好的条件下,促蜂排泄要连续2—3次。

在长江中下游地区,促蜂排泄的时间安排在大寒前后,早的在大寒之前。根据蜜蜂飞翔情况和排泄的粪便,可以判断蜂群越冬情况。越冬顺利的蜂群,蜜蜂体色鲜艳,飞翔敏捷,排泄的粪便少,像高粱米粒大小的一个点,或是线头一样的细条。越冬不良的蜂群,蜜蜂体色暗淡,行动迟缓,排泄的粪便多,排泄在蜂场附近,有的甚至就在巢门附近排泄。如果越冬后的蜜蜂腹部膨胀,爬在巢门板上排泄,表明该蜂群在越冬期间已受到不良饲料或潮湿的影响;如果蜜蜂出巢迟缓,飞翔蜂少,飞翔无力,表明群势衰弱。对于不正常的蜂群,应尽早开箱检查处理。对于受不良饲料影响的蜂群,可用本场储备的优质蜜粉脾经预温后,换出受影响蜂群的巢脾。对过弱蜂群应及时进行合并。在第一次排泄时可进行一次全面开箱检查,并清除箱底死蜂。

(4)紧脾保温。蜂群自身有一定的保温能力。温度高,蜜蜂散团、扇风以降低巢温;温度低,蜜蜂结成团,消耗更多蜜糖以提高巢温。早春冷空气多,阴雨天时间长,夜间气温常降低到0 ℃以下。单靠蜂群自身保温能力保持巢内育虫区34—35 ℃的繁殖温度,不仅会限制蜂王产卵圈的扩大,还会严重影响蜜蜂本身的寿命,造成早春拖子。受冻子脾即使有些蜂子勉强羽化出房,成蜂的健康状况也不好。因此,早春蜂群一定要做好保暖措施。蜂群的早春保温工作,华北地区是在蜜蜂飞翔排泄的时期进行,长江中下游地区一般在立春前后进行,早的在大寒前后进行。蜂群应摆放在地势高、背风向阳的地方，一排排平行摆放，这样既有利于蜂群间的相互借温，又节省蜂群保温的包装材料，还可以防止蜂群的偏集。

蜂群保温的方法有箱内保温和箱外保温两种方式。①箱内保温（紧脾）。早春蜂巢中巢脾过多，空间大，蜜蜂分散，不利于保温保湿。在蜂巢里，蜂王产卵、蜂子发育的区域称为"暖区"。而贮存饲料和工蜂栖息的区域称为"冷区"。早春，把子脾限制在蜂巢中心的几个巢脾内，便于蜂王产卵和蜂子发育。边脾供幼蜂栖息和贮存饲料，也可起到保温作用。可抽出多余的巢脾，使蜜蜂密集，达到蜂多于脾的程度，保证蜂巢中心温度达到35 ℃，蜂王才会产卵，蜂子才能正常发育，以后随着蜂群的发展，再逐渐加入巢脾，供蜂王产卵。把剩余的巢脾集中于蜂箱中央，双王群则集中于隔板两侧，两侧再各加隔板。对于弱群，还可将隔板两侧空间用干草等填充，框梁上面再加盖棉垫或草垫。箱内保温物可随气温升高、蜂群的扩大逐步撤除。此外，气温较低时，冷空气容易从巢门进入蜂箱，寒潮期间和夜晚应缩小巢门。弱群的巢门在夜晚可全部关闭，第二天再打开。②箱外保温。春繁时蜂群10—15箱为一排，前后排成数行在向阳的地方摆放。用干草等填充箱缝，箱底垫3—5 cm厚的干草，蜂箱左右和后壁用草帘包住，再用塑料薄膜把整排的蜂箱盖住。晴暖的白天翻开，让工蜂进出，低温阴雨和夜晚盖上，防寒祛湿。注意加盖草帘和塑料薄膜时，要留出巢门，不要堵塞。随着蜂群的壮大，气温逐渐升高，慎重稳妥地逐渐撤除包装和保温物。箱外保温在蜂群发展到一定群势，外界气温转高、稳定时全部撤除。潮湿的箱体或保温物都易导热，不利保温。因此，早春场地应选择在干燥、向阳的地方。在气温较高的晴天，应晾晒蜂箱，翻晒保温物。

2.蜂群的春季饲养与管理。早春蜂王开始产卵后,蜂群活动增加,随着虫脾面积的扩大,蜂群将消耗更多饲料。为了迅速壮大群势,在春季要进行奖励饲喂。

(1)饲喂。

①喂糖。在蜂群紧脾保温时,留1脾的蜂群应有巢蜜0.5 kg,留3脾的蜂群应有巢蜜2.5 kg以上,以确保蜂群的正常繁殖。应于主要流蜜期到来前4—5天,或外界出现粉源前一周开始奖励饲喂。奖励饲喂采用白糖与水按1:1的质量比进行调制,倒入饲喂器中,每次每群饲喂0.5—1 kg。开始时可隔天喂一次,随着幼虫增多,改为每天一喂。开始奖励饲喂时,也可喂质量比为60%的糖水,之后再饲喂50%的糖水,这样更有利于早期蜂群的产热保温。奖励饲喂既要保持蜂群有足够的饲料,又要注意不应在次日有剩余,以免压缩产卵圈。

②喂花粉。花粉是蜜蜂蛋白质、脂肪的主要来源。哺育1只蜜蜂起码需要120 mg花粉,哺育1万只工蜂时需1.2—1.5 kg花粉,一个较强的蜂群,一年消耗花粉20—30 kg。蜂群缺乏花粉时,新出房的幼蜂因取食花粉不足,其舌腺、脂肪体和其他器官发育不健全,蜂王产卵量就会减少,甚至停产,幼蜂发育不良,甚至不能羽化,成年蜂也会早衰,泌蜡能力下降,蜂群的发展也就缓慢。因此,在蜂群繁殖期内,外界缺乏花粉时,必须及时补喂花粉或花粉代替品。

在蜜粉源植物散粉前20天开始饲喂花粉。饲喂花粉最有效最简便的方法,是将贮存的优质粉脾,喷上稀糖水(可加快蜂群对粉脾表面的清理),加入巢内供蜜蜂食用。若无贮备的粉脾,也可用质量比1:1的糖水把花粉调制成团状或条状,直接放在靠近蜂团的巢脾上或放在框梁上。调制花粉团应注意,不能使花粉团过稀,以免从框梁漏下,也不可过干,以免影响蜜蜂的采食。因此，当粉源充足时，应在巢门安装脱粉器，收集大量的花粉，干燥后妥善进行保管，在缺粉的季节，按照上述方法，补充饲喂给蜂群。

在缺少天然花粉时，也可采用花粉替代品饲喂蜂群。可将豆粉之类的替代物用蜂蜜调制成糊状放在框梁上任蜂取食。也可将花粉和大豆粉混合，加水、糖浆（或蜂蜜）、酵母混合制成花粉混合饲料。但是使用这些替代品饲喂的蜂群不如正常饲喂的蜂群群势强，因此应尽量饲喂正常天然花粉。

③喂水。水是蜜蜂维持生命活动不可缺少的物质，蜂体的各种新陈代谢过程，都不能离开水，蜜蜂食物中营养的分解、吸收、运送，及利用后剩下的废物排出体外，都需要水的作用。此外，蜜蜂还用水来调节蜂巢内的温、湿度。蜂群一到繁殖期，尤其是早春时期，需水量是相当惊人的，巢内有大量幼虫需要哺育的时候，一个中等群势的蜂群一天需水量大约2000—2500 mL。幼虫越多，需水量越大。在热天，蜜蜂到箱外采水来降低蜂箱内的温度。但在越冬期间，需水量就大大降低，在低温条件下，蜜蜂还会保持由于代谢作用形成的一部分水。在早春的繁殖期，由于幼虫数量多，需水量大，这时外界气温又较低，如果不喂水，会有大量采水蜂被冻死。如果在不清洁的地方采水，还会感染疾病。因此，自早春起应不断地用干净水饲喂蜂群。

喂水的方法：在早春和晚秋采用巢门喂水，即每个蜂群巢门前放一个盛水的小瓶，用一根纱条或脱脂棉条，一端放在水里，一端放在巢门内，使蜜蜂在巢门前即可饮水。平时应在蜂场上设置公共饮水器，如木盆、瓦盆、瓷盆之类的器具；或在地面上挖个坑，坑内铺一层塑料薄膜再装水，在水面放些细枯枝、薄木片等物，以免淹死蜜蜂。在蜂群转地的时候，为了给蜂喂水，可用空脾灌上清水，放在蜂巢外侧；在火车运输途中，常用喷雾器向巢门喷水。干燥地区越冬的蜂群常因饲料蜜结晶,需要喂水。无论采取哪一种方法喂水,器具和水一定要洁净。在蜜蜂的生活中,还需要一定的无机盐,一般可从花粉和花蜜中获得,也可在喂水时,加入少量食盐进行饲喂。

(2)适时加脾扩巢。蜂王产卵,从巢脾中间开始,螺旋形扩大,呈圆形,常称子圈。子圈面积大,表明培育蜂子多。因此,早春管理的中心任务就是要增加子脾数量,扩大子圈。但此时外界气温不稳定,蜜粉源情况变化较大,如果盲目扩大子圈,加脾扩巢,气温降低时,蜜蜂护不住脾,会使子脾受冻,繁育出的蜜蜂健康状况不佳,因此必须因群、因时制宜,灵活运用扩大子圈、增大蜂巢的技术。加脾的原则是:开始繁殖时蜂多于脾,繁殖中期蜂脾相称,繁殖盛期蜂略少于脾,生产开始时蜂脾相称。

①扩大子圈。在刚开始繁殖时,只有少数几个巢脾上有子,可采取割开子脾周围蜜盖,让蜜蜂采食后产子来扩大子圈,不要急于加脾扩巢。早春蜂王产卵,多先集中在巢脾朝巢门一端,当这一端产满之后,应将子脾调头,让蜂王产满整张巢脾。在早春繁殖时期,弱群往往出现蜂王仅在巢脾中央的小面积内产卵,而产卵圈周围被粉房包围,这就是"粉压子圈"现象。这种情况将会导致蜂群发展十分缓慢。除应加强保温让巢中心温度达到35℃之外,还应在蜂王所产卵的巢脾外侧加入空脾,让蜂王尽快爬出粉圈到外面巢脾产卵,才能加快弱群的发展。

②加脾扩巢。繁殖初期蜂多于脾的蜂群,一般在子脾上有70%—90%的巢房封盖,或有少数蜂出房时,将1张空脾加在蜜、粉脾内侧。群势强的蜂群,在子脾面积达到70%—80%后加脾;群势弱的蜂群待新蜂大量出房时加脾,也可根据蜂群情况,将巢础加在巢脾外侧,若蜂群造脾迅速则再移至内侧。加脾之前,可将巢房表面割去1—3 mm,这样能加速蜂王产卵。1天之

后,当工蜂已清理好巢房,脾温也升高之后,再加入巢中央"暖区"供蜂王产卵。当第一代蜜蜂全部出房,巢内工蜂已度过更新期,全部由新蜂代替越冬的老蜂,而一个完整的封盖子全羽化出房后,可以爬满3张脾,这时蜂群内的蜜蜂较为密集,应及时加入1—2张空脾,供蜂王产卵。几天之后,蜂王已产满空脾,幼虫已孵化,再加入1张空脾,此时,巢内的蜂脾关系为脾略多于蜂,即巢内工蜂密度较稀;约7天之后,由于幼蜂不断羽化出房,巢脾上的蜜蜂又逐渐密集起来,再加入1—2张巢脾。然后根据情况,每过3—5天加一框脾,这样,蜂群就会很快地壮大起来。一只越冬后的老蜂,只能哺育幼虫1—3只,一只出房的新蜂可哺育幼虫3—4只。因此繁殖蜂群中已加到3框脾时,再加脾时应慎重,要根据天气(天气晴暖)、群势(蜂爬满脾)、蜂子(子脾面积达70%)、饲料(子脾边角有蜜,有花粉贮存)等情况加脾,如果情况不好,可暂缓加脾。

③ 加继箱。当蜂群发展到6框时,如果进粉较多即可开始生产花粉和蜂王浆,蜂王浆生产从此开始,直至全年蜜源结束为止,对采蜜较多的蜂群要进行蜂蜜生产。当蜂群发展到5—6框时,应暂缓加脾,积累更多的工蜂,使蜂脾关系从蜂少于脾发展到蜂脾相称或蜂多于脾,等待加继箱。当箱里有7足框以上的蜂,就可以加继箱。加继箱前,每一群要准备一个继箱,一块隔王板,2块隔板,2—3张巢脾。把巢箱中1框边脾提上继箱(也可不提脾),再在继箱中另加1—2框空脾。巢箱保持5张脾,继箱上放2—3张脾,组成一个生产群,等粉源到来时就可以开始生产蜂王浆。对于弱群,应在春季蜜源植物开始流蜜后再加继箱。当箱内已有5—6足框蜂时,如果遇到持续的强冷空气、雨雪天气等特殊情况,由于箱内温度高,工蜂负担重,消耗大量花

粉,工蜂急需出巢排泄,造成蜂群损失。这时可以先加上继箱,但不要放脾,以降低箱内温度,减少蜜蜂外出,待条件合适再加空脾。

(3)蜂王选育。选育王种一般在春季,第一个花粉源植物花期,其他花期也可培育一定数量的蜂王,随时更换老劣蜂王。

① 培育种蜂群。育王的种用群要选择有效产卵力高,采集力强,分蜂性弱(能维持强大群势),抗逆性和抗病力强及体色比较一致的蜂群。母群的数量根据育王数量而定,100—200群的蜂场,选择3—5群就足够了。父群则要多一些,大约需要25群。这样同期成熟的雄蜂数量多,可保证利用雄蜂的空间优势,避免近亲交配。父、母群的选择工作,须在育王前一个月着手进行。春季育王,父、母群的群势不应低于8脾雄蜂从卵至羽化出房,这个过程需24天,到性成熟又需要10天左右,共需34天左右。因此,要提前20天进行培育雄蜂工作。培育雄蜂必须在外界蜜、粉源充足的情况下进行。可用隔王板把蜂王控制起来,强迫蜂王在雄蜂脾上产未受精卵,以保证在计划的时间内有足量的性成熟雄蜂。育雄蜂群内要有50%左右的幼蜂,如果达不到这个比例,要提入快要出房的老封盖子补充。种用雄蜂的数量应根据处女王的数量而定,在正常情况下,一只处女王需要与7—10只性成熟的雄蜂交尾,就能满足受精需要,为造成空中优势,培育雄蜂的数量,应超过4—9倍。

哺育群内的幼蜂(哺育蜂为4—13日龄的工蜂)必须占全群的30%以上。如不足,应在育王前15天提入封盖子脾补充。哺育群内,应有5%—10%的雄蜂。如果没有,可调入即将出房的雄蜂封盖子脾补充。哺育群的蜂脾关系,在早春时应蜂多于脾,其他季节蜂脾相称即可,工蜂密度较大,培育的蜂王质量更高。应使用隔王板把哺育群分隔成为育王区和蜂王产卵区,继箱的育王区,可设在继箱上。育王框应放在育王区中央。紧靠育王框的两侧,一侧放入幼虫为主的虫卵脾,另一侧放一张封盖子脾,既可起到保温作用,又可保证哺育蜂集中吐浆饲喂蜂王幼虫定量的糖水和花粉。此外,还应做好保温工作,尤其是早春季节。育王群尽可能避免开箱检查,更不要调动和移动巢脾。饲喂时,只要掀开覆布的一角就可,动作要轻快,以免引起蜂群内的温、湿度的波动和蜂群的骚动,避免影响哺育工蜂正常地哺育蜂王幼虫和所培育蜂王的发育。

②育王的方法。移虫前需要先蘸制蜡碗,选用纯蜂蜡(由脾熔化而得)放入瓷杯中,加入少量水,放在火炉或沸水中加热熔化。然后将事先浸泡在冷水中的蜡碗棒取出,浸入蜡液9—10 mm,立即提起。蜡碗棒上的蜡液凝固后再浸入,反复2—4次,动作要轻快,在蜡液中不能停留过长,这样就蘸制成底厚边薄的蜡碗,然后快速将其粘在育王框的台基条上,用手旋动棒端的蜡碗,使其脱离蜡碗棒,就形成一个个大小一致的蜡碗,每个台基条粘8—12个即可。粘好蜡碗的育王框,随即插入育王群内,让工蜂清理,过3—4小时,待工蜂清理好,蜡碗口微显收口时,即可取出移虫。也可直接用取过数次王浆的塑料浆条代替蜡碗。移虫工作应在气温20 ℃以上,空气湿度适宜的室内进行。从育王群内取出育王框和幼虫脾,立即着手移虫。移虫时,从幼虫背部方向轻轻挑起幼虫,移入台基时不可让幼虫翻转。也不可把蜂王浆覆盖在幼虫上,把幼虫安放在台基底部正中。移虫后,应给育王群饲喂蜜水和花粉。第2天应尽快检查移虫的接受率,如果达50%以上,不必再补移。5天之内不再开箱检查。移虫后第10天,就要把成熟的王台去劣留优,移到交尾群中去。在整个移虫、育王过程中,切忌震动,否则会损害幼虫的正常发育。

③ 组织交尾群。组织交尾群前要准备好交尾箱,一般用普通标准箱,用木制隔离板隔成2—4个小室,前后左右各开一个小巢门,每室可放1—2张巢脾。各室之间分隔要严密,绝对不可有让工蜂或蜂王互通的空隙。育王时,在移虫后第9天或第10天就应组织交尾群。每个交尾群都应有蜜、粉脾和即将出房的封盖子脾,也可带些大幼虫。提入交尾群的脾应是幼蜂多的脾。同时也可找一张幼蜂多的巢脾,将蜂抖入交尾箱内,老蜂飞回原群后,交尾箱内仍能保持蜂脾相称。提脾和抖入时,千万不要把蜂王带入交尾箱内。交尾群组织好后,立即搬离大群10 m以外,放在明显标志(树、灌木、石头等)旁,锄去巢门前的杂草。两个交尾群间的距离2—3 m。移虫11天后,在处女王即将出房前,必须将王台割下,分别诱入各交尾群中。诱入时,先入在巢脾中部偏上,用手指按一个长形的凹坑,然后将王台基部嵌入凹坑内,端部朝下,便于处女王出房。诱入王台还要注意下列事项:①诱入王台前,要检查交尾群内是否有急造王台,若有,应立即毁掉;②如连续使用交尾群,前一个已交尾的蜂王提走后,马上诱入王台,易被工蜂毁掉,可将王台保护好,再固定在巢脾中上部;③育王框或单个王台,切忌倒放、丢抛和震动;④诱入王台时,两脾之间不要挤压,如发现小而弯曲的王台,应立即淘汰。王台诱入的第2天的傍晚,对所有交尾群进行一次检查,了解处女王出房的情况,发现死王台、失王,或质量不好的处女王,应立即淘汰,重新补入王台或处女王。之后的5天之内不要开箱检查。处女王出房的第6天,检查交尾情况,已交尾者,应按编号登记,或在箱上做上记号。15天以后,应全面检查是否产卵,凡未产卵和未交尾的处女王,应予淘汰。从组织交尾群开始,应喂足饲料,预防盗蜂。早春日夜温差大,要注

意保温。检查时,动作要轻,以免造成围王或处女王飞逃。由于处女王交尾在空中进行,又具有一雌多雄现象,并喜欢异品种交配,这就给控制交尾造成困难。山区控制范围半径应在10 km以上,平原应在20 km以上,这样才能保证本场培育的处女王与种用雄蜂交尾。

④更换蜂王。在引入新蜂王之前,提前1天检查蜂群,将原群蜂王取出,若箱内有王台,应清理干净,第2天将新王或者成熟王台引入蜂群。对于购买的新王,可先放走饲喂蜂,然后将王笼置于无王群相邻两脾中间,3天后无工蜂围困王笼时,再放出蜂王。若有多余蜂王,可用蜂王存储盒将蜂王关在笼子里放在一个无王群暂时存放

(二)蜂群的夏季管理

夏季蜂群进入强盛阶段,抗病性增强,是蜂场生产的黄金时期。但夏季高温、高湿,生产活动集中,给蜂群的健康造成不利影响。因而在蜂群管理过程中必须积极防病,保证蜂群健康维持强群,这样才能保障蜂产品优质高产,取得较好的经济效益。本阶段蜂群管理要注意为蜂群降温,保持蜂群食料充足,及时更换劣王,并注意预防敌害与农药中毒。夏季蜂群的管理,要根据各地的气候和蜜源情况而定。

在我国西南地区,越冬容易,越夏难。5月中旬后,在春季主要蜜源花期相继结束,除大转地养蜂外,一般定地养蜂的蜂群进入了越夏的缺蜜期,时间大致从5月中旬到8月中旬,约3个月。此期外界气温高,蜜粉源缺乏,敌害严重,这时候蜂王会自动停卵或产卵量低于每天500粒,新蜂出房少,群势也逐渐下降,这时是一年中蜂群管理的困难时期,稍有疏忽,蜂群群势将很快下降,进而影响秋季生产,所以蜂群越夏管理的目标是

减少蜂群的消耗,保持蜂群的有生力量为秋季蜂群的恢复发展打好基础。

新王的产卵力强,生殖力旺盛,所以在越夏前可用优良的新王将老王替换,减少群势骤降的风险,培育强群增强抵抗不良环境的能力。换王可在龙眼流蜜期结束之后,乌桕树流蜜期间完成。饲料是蜜蜂越夏的重要条件,每蜂箱一定要留足5—8 kg越夏蜜。应在油菜、紫云英或乌桕花期,注意留足蜜粉脾,在开始出现缺蜜、缺粉迹象以前就要加入巢箱,及时防止群内出现蜜、粉不足的现象,以维持蜂王适量产卵,减少工蜂在酷热条件下的采集消耗。同时要加强喂水,注意遮阴增湿,预防病害,有条件的可在冷库存蜂,也可转地到海滨、山林中越夏。在高温季节中对蜂群的管理要细致,原则上是多观察、少检查,减少对蜂群的惊扰。

(三)蜂群的秋季管理

进入秋季以后,外界蜜源逐渐减少,蜂群管理由蜂王浆、蜂蜜等蜂产品生产逐步转向为蜂群越冬做准备,特别是转地养蜂户,从9月开始,陆续从外地回转,准备蜂群的越冬。利用一年中最后一个花期,繁殖大量的健康越冬蜂,准备足量的越冬饲料是秋季管理的主要目标。秋季的蜂群管理至关重要,直接影响着第二年蜂群的发展和蜂产品的质量,所以养蜂者常把秋季作为一年养蜂的开始。

蜂群的秋繁期一般始于当地一年中的最后一个花期,秋繁时间南北方有一定的差异。长江中下游地区一般在9月至10月;有零星蜜源的长江以南地区,越冬蜂繁殖一般在10月至11月。秋繁需要21—30天,一般以21天为好。为确保该阶段繁殖出量多、质优的越冬蜂,入秋后,必须加强蜜蜂健康保护和饲养管理工作。工作内容包括更换蜂王,防治蜂螨,紧脾奖饲,防止盗蜂和胡蜂的危害,调节巢温,及时断子,留足越冬饲料等。

1.蜂王的更换。老劣蜂王产子少、冬季死亡率高,因此在培育越冬蜂之前,必须在初秋培育一批优良健壮的新蜂王,更换掉老劣蜂王或作为储备蜂王,这样一方面可以保证第二年春繁时有优质蜂王,另一方面可以保证用新王培育越冬适龄蜂。一般云南在荞麦、蓝花子花期,湖北在五倍子花期,河南在芝麻花期,华北在荆条花期,东北在椴树、荆条花期,蜜、粉均丰富,培育出的蜂王质量好。因此,应抓住这一时机,培育一批优质蜂王,换去老劣蜂王,以秋王越冬,产卵力强,有利于早春繁殖。

换王前必须对全场蜂王进行一次鉴定,分批更换。更换蜂王时,先要把淘汰蜂王取出,无王蜂群要把王台毁除干净后再诱入蜂王。诱入蜂王前两天最好对被诱入蜂群进行奖励饲喂,诱入蜂王后不要急于开箱检查。最好采用间接诱入法,把蜂王和数只幼蜂放入蜂王诱入器内,放在子脾上有蜜的地方,2—3天之后,没有蜜蜂紧围器外,并有蜜蜂饲喂蜂王,就可把蜂王放出。对换掉的蜂王,可带一脾蜂组成小群进行繁殖,培育一批越冬蜂,到扣王停产时再淘汰,将小群并入越冬群。储备蜂王的方法为把蜂王关在王笼中,每笼1只,置于强群结团蜂巢中央越冬。注意勿让王笼置于蜂团外面,防止蜂王被冻死。

2.适龄越冬蜂的培育。在秋末羽化出房,经过排泄飞行,但尚未参与采集活动,既保持了生理青春,又能忍受越冬时长期困在巢内生活的工蜂,称为越冬适龄蜂。这些幼蜂由于没有参加过采集酿蜜和哺育工作,它们的各种腺体保持着初期发育状态,经过越冬以后仍具有哺育能力,所以是翌春蜂群繁殖的基础。本阶段的工作重心,已由强盛阶段的生产为主转移到繁殖为主。为了能培育出数量多、质量好的越冬蜂,此时要停止蜂王浆的生产,运用春繁的一些措施和管理办法培育越冬适龄蜂,在管理上必须采取相应的有效措施。越冬蜂群的强弱,尤其是越冬适龄蜂的多少,对于蜂群能否安全越冬和下一年生产的影响很大。羽化出房的幼蜂,后肠里积有粪便,只有在飞行时才能排泄掉。如果在秋季出房后没有来得及排泄,它们就不能安全越冬,还会影响整个蜂群越冬。因此,在培育越冬蜂时,到了一定的时候就要迫使蜂王停止产卵。例如,在西北地区,蜂王停止产卵的时间宜在9月中下旬,使最后一批幼蜂能在10月中旬全部出房,以便它们在越冬前来得及飞翔排泄。

培育适龄越冬工蜂的时间,要根据当地的蜜源和气候条件而定。蜜粉源条件是培育适龄越冬蜂的物质基础。云南省应在荞麦花期开始时,就要着手进行,注意蜂箱的防湿、保温,紧缩蜂巢,做到蜂脾相称。用新王产卵,一方面生产部分蜂王浆,另一方面培育一大批野坝子花期的采集。进入野坝子花期的,视流蜜和天气情况而定。如果流蜜好,天气好,应主要生产优质冬蜜;如果流蜜差,天气不好,就应以保蜂为主,加强夜间保温,抽出多余空脾,做到蜂脾相称。如果饲料不足,应补充饲喂,尽量保持一定群势,培育羽化出一批新蜂,进入越冬期。本阶段处于秋末,气温渐低,且白天和夜间温差较大,夜间气温常降到10℃以下。低温对蜂群繁殖不利,如若蜂群护子不佳,繁育出的越冬蜂健康状况就会受到影响,尤其对较弱的蜂群来说,保温工作更为重要。深秋繁蜂,巢门对巢温的调节作用很大,晴暖的中午气温常可在20℃以上,要适当扩大巢门,以利通风,而傍晚就应缩小巢门,以利于蜂群保温。

3.越冬饲料的贮备。越冬饲料的质量和数量,直接影响蜜蜂的安全过冬。全年最后一个采蜜期,要为蜂群越冬准备足够的蜜脾,以避免临到越冬时给蜂群饲喂糖量过大,增加工蜂的工作负担,导致其早衰。选留蜜脾的方法是当地最后一个大蜜源流蜜时,选留脾面平整、无雄蜂房、繁殖过几代蜂的优质巢脾,贮满蜜放在蜂巢的边上,让其封盖,然后提出来放在室内空蜂箱中,待需要时加入蜂群。留蜜脾的数量按越冬期的长短来确定,在南方繁殖的每框蜂留0.5—1框蜜脾。此外,还要留些角蜜。除蜜脾外还须为蜂群储备粉脾,以备越冬后繁殖蜂群用。在南方繁殖的每框蜂留1.5—2框粉脾。对这些保存的蜜脾和粉脾应妥善消毒保管,同时注意防治巢虫。

当培育越冬蜂的阶段基本结束时,检查蜂群中的饲料情况,巢内留蜜不够的就要加紧喂足。喂越冬饲料之前,要将多余巢脾全部抽出,按越冬所需巢脾数量留脾,此时蜂多于脾。用蜂蜜饲喂时,加5%—10%的水,用文火化开即可。或者用糖水,另加酒石酸或柠檬酸,使其含量约为千分之一,这样有利于蔗糖转化为葡萄糖和果糖。喂蜂要在傍晚工蜂停止活动后进行,饲喂量以蜂群一夜搬完为宜。饲喂要集中3—4天喂完,时间不宜过长。饲喂过程中注意不要将蜜或糖浆滴于箱外,防止发生盗蜂。用糖水喂蜂时,应在最后一批封盖子脾出房前10天结束,使新出房的工蜂不参加酿蜜工作。

越冬饲料的质量与蜂群安全越冬关系很大。优质的蜂蜜,大部分被蜜蜂消化吸收,后肠积粪少,有利于蜜蜂越冬。如果饲料质量差,不被蜜蜂消化的物质多,后肠积粪多,过多的粪便使蜜蜂不安,不能很好结团。严重时还会导致蜜蜂下痢,使蜂群不能顺利越冬。因此,蜂群补喂越冬饲料,应为不易结晶的优质洁净蜂蜜或优质白砂糖。越冬饲料中要注意不要含有露蜜等不利于越冬的劣质饲料,更不能用红糖等其他糖作为饲料。

4.盗蜂的预防与处理方法。秋季蜜源终止时,常易发生盗蜂，还易发生胡蜂危害。一旦发生盗蜂或胡蜂危害，会给蜂群造成很大损伤。盗蜂还易传播蜜蜂疾病，饲养管理上应将蜂群巢门缩小。饲喂、检查蜂群等工作应在早晚进行，并注意不要将糖汁或蜜水滴于箱外，尤其带蜜的巢脾和盛蜜容器等要妥善保存，勿使蜜蜂接触到以免引起盗蜂。容易发生胡蜂危害的地区，每天在盗蜂易出入的时间，要注意到蜂场观察、扑打出现的胡蜂。

5.适时断子。当秋繁蜂群繁殖到5—6张子脾，发现蜂王产卵速度开始下降，大批蜂子出房时，就应采取适当措施，使蜂王停止产卵。如果对蜂王产卵不加以限制，不仅增加饲料消耗，更主要的是，一旦新出房的工蜂参加了幼虫的哺育工作，便降低了其越冬价值。管理上应尽量保证集中出房的越冬蜂，不要参与饲喂幼虫的工作，充分保证其生理的年轻状态，这样才能保证越冬蜂的安全健康。

控制蜂王产卵可采用囚王笼将蜂王囚禁，使其停止产卵。也可在秋繁后期，开始以蜜粉充塞巢房，压缩蜂群产卵圈，甚至可用蜂蜜或糖水浇灌已产上少量卵的巢房，让蜂王无产卵的空间。也可将蜂群搬到阴凉处，巢门朝北，蜂路扩大到15—20 mm，创造蜂王提早断子，蜂群结团的环境。囚王后有利于治螨和换脾，能提高越冬蜂质量，还可让蜂王休养生息。但也有人认为囚王越冬得不偿失，原因有以下几点：①囚王后限制了蜂王的活动，一旦寒潮侵袭，王笼离团，可能导致蜂王被冻死；②囚王容易放王难，由于蜂王被迫停卵多天，放出后不能立即产卵，需要恢复一段时间，而工蜂的哺育欲望很强，可能产生围王现象；③根据一些养蜂者的经验，如果新产卵的王被囚禁过久，会影响到其以后的产卵力。

### (四)蜂群的冬季管理

从蜂群断子后,直到来年春天蜂群散团、排泄飞翔并开始繁殖的这一段时间,称为越冬阶段。蜂群的越冬期,南北方差异较大。华南地区蜂群没有越冬期,只有越夏期。长江流域以南地区,采茶花的蜂群,越冬期只有1—2个月,不采茶花的蜂群越冬期3—4个月。华北、东北、西北地区蜂群越冬期在6个月以上。因此,蜂群越冬管理要根据不同地区、不同自然条件和蜂群状况,因地制宜灵活采取管理措施。

越冬的主要任务都是设法保证蜂群健康,延长工蜂的寿命,降低越冬蜂的死亡率,减少饲料消耗,给次年春繁创造有利条件。此期蜂群管理的主要工作是抓紧晴天治螨、淘汰劣王、合并弱群,合理布置越冬蜂巢,选好室外越冬场地,因地、因时制宜保温,注意观察蜂群、加强管理等。在我国东北和西北等严寒地区,室外越冬存在较严重的不安全因素,常采用室内越冬以取得理想的蜜蜂保护效果。

1.越冬蜂群的基本条件。为了安全越冬,蜂群必须具有优良的蜂王,强健的适龄越冬蜂,群势在南方不少于4框蜂,具有充足的优质饲料。如按每框蜂计算,越冬期在2个月左右的饲料不少于2 kg,在2—4个月的不少于2.5 kg,在4个月以上的不少于3 kg。越冬场所要恰当选择进行过彻底治螨的地方,并进行合理的包装。越冬蜂的巢脾不宜过新过旧,应是浅褐色的巢脾。一般越冬蜂群是蜂少于脾的,如4框蜂放5—6框脾,但也有些地方的户外越冬蜂多于脾。蜂少于脾的做法有利于减少蜜蜂活动,降低消耗,蜂王早断子,延长越冬蜂寿命;蜂多于脾的做法可改善保温状态,降低巢内湿度和蜂蜜消耗,保障蜂群安全越冬,适宜的温湿度是非常关键的,一般蜂箱内的温度保持在1—4 ℃为宜。温度过高蜂群活动量大,食量和粪便都将增加,长期下去,体力消耗过大,蜜蜂形成早衰,甚至发生死亡;温度过低也会使蜂群加强活动,造成下痢甚至死亡。冬季蜂箱内的相对湿度保持在75%左右为宜。冬季蜂箱的震动和箱内的光亮会扰乱蜂群的生活,可使蜂群食量增加,肠内的积便增多,影响寿命,于蜂群不利,所以冬季应尽量少开箱,减少震动。

2.蜂巢的布置。冬季气候严寒,天气变化快,昼夜温差也很大,当外界气温低于5℃时,所有的蜜蜂都在靠近巢门的位置集结成团。这时表层蜜蜂结成2.5—5 cm厚度不等的保温外壳,并钻入饲料储备区的空巢房里,与这些巢房紧密贴合,从而形成与保温外壳的统一整体。蜂团依靠吃蜜、运动产热,维持其外围气温在6—8℃之间,蜂团中心在13℃以上。蜂团外围的蜜蜂和团心的蜜蜂不断交换,使外围的蜜蜂不会冻僵脱离蜂团。整个蜂团随着贮蜜的消耗先向上,再向后逐渐移动。食物靠蜜蜂相互传递供给。根据越冬蜂团的这一习性,蜂巢布置要大蜜脾在外,半蜜脾在中心,对准巢门,蜂路适当放宽到14 mm左右,让蜂团集结于中间偏下方。

双王群越冬的,把两群的半蜜脾分别放在靠近闸板处,整蜜脾放在半蜜脾的外侧,2个蜂群的蜂团会集结在闸板两边,互相保温。蜂群强壮,冬季气温又不太低而用继箱越冬的蜂群,继箱内放整蜜脾,巢箱内放半蜜脾,蜂团起初结于巢箱中下部,随着饲料消耗,蜂团向上转移结于巢箱和继箱之间。

3.越冬群势的调整。老劣王越冬,蜂王死亡率高,特别是囚王越冬时,老王的死亡率更高。无王蜂群,蜂团容易躁动不安,影响越冬成功率及工蜂寿命。群势较弱的蜂群,越冬结团小,不利于保温,在严寒地区,寒潮到来时,容易被冻死。根据当地气候情况,应将弱群适当合并到适合当地气温状况的合理越冬群势。已完成培育越冬蜂的老劣蜂王,这时可以淘汰,把蜂群合并给邻群。如果老劣蜂王的蜂群势较强,可把弱群合并过来,另介绍1只新的产卵王。并群时日不固定,因每年气候条件而异。只有当最低气温稳定在5℃以上,最高气温稳定在15℃左右,蜂群处于结团状态,无风晴天上午10时开始至下午2时为良机。一般在"小雪"前后。并群后巢箱内8—9张大蜜脾,蜂团充满巢箱,把能独立越冬群二合一或三合一,非独立越冬群多合一。并群时,可手指插入脾间,一次提移三张脾,余脾放在并群的继箱上,附着的蜂用单根软枝条推离(蜂扫毛多,易激怒和扰飞工蜂),脾提出保存,尽量少扰飞工蜂,傍晚前没回巢的落地蜂,拾入容器,集中送回箱内。当最低气温低于0℃时,加盖覆布,低于-5℃时再加棉垫,要折起一角,在蜂团上放块吸足水的海绵。蜂箱最好安放在终日不见阳光的阴处,若放在阳光处,则巢门要背阳放成单排,上盖厚厚的遮阳物,只为隔光热不是给蜂箱保温。在冬季晴暖天,要经常查看蜂场,若发现如光照、缺水、缺饲料等诱发的空飞问题,应及时处理。

4.越冬蜂群的保温与室外摆放。越冬期间,无特殊情况,蜂群不宜开箱检查,可通过巢门观察蜂群的特点及听测蜂群声音,了解蜂群的越冬情况。越冬后半期,老蜂死亡增多,要每隔一段时间清理一次巢门。对异常蜂群,选气温较高晴暖的午后,做快速检查。缺乏饲料的蜂群应及时补入优质蜜脾。在受冻饿即将死亡的蜂群,可先将蜂箱移入室温14℃以上的房内让蜜蜂恢复活力,然后在蜂团边上加1—2张蜜脾,第二天再放回原处包装,下雪天巢门前要挡上草帘,防止工蜂趋光出巢冻僵。雪后及时清理巢门前积雪,防止积雪堵塞巢门。整个越冬期要经常检查巢门,调整巢门大小。温度较高的白天,适当放大巢门,傍晚和严寒天气适当缩小巢门。

(1)箱内保温。越冬初期,气温不稳定,此时蜂群可不必做箱内保温,纱盖上加一草帘即可。长江以南地区,越冬中期后,大约12月中下旬后,可作箱内保温。保温方法是,将蜂脾紧缩后放在蜂巢中央,加入饲喂盒,然后两侧夹以隔板。两侧隔板之外,用稻草扎成小把塞填,先不要塞满,而弱群蜂箱空隙则可完全塞满,以防蜂群被冻死。纱盖上面盖6—8层报纸或棉絮,再盖一层小草帘,有利于透气防潮,还可在没有蜂团的一侧后箱放入饲喂盒。保温物可以折起一小角,强群可大一些,同时强群的巢门也可开大一点儿,这样可防止蜂群受闷。

(2)蜂群越冬的室外摆放。室外越冬的蜂场,蜂群摆放点要注意选择地势高燥、避风、安静、向阳的场所。越冬前期,场地周围最好没有任何蜜粉源,以利于蜂群保持安静,使新出房的工蜂不会外出采集,避免加重工作负担。如果将蜂群摆放在整个越冬期都阴冷、潮湿的地方过冬,工蜂死亡率高,且易得大肚病,越冬效果较差。冬季温度较高的地区,如果存在对蜂群安全不利的因素而选择了阴处过冬,也要十分注意,在越冬后期设法将蜂群搬到向阳面。

5.越冬蜂群的管理要点。

(1)秋繁时换新王。以新王越冬最关键的好处是第二年春繁时蜂王产卵旺盛,蜂群发展迅速,能较好地维持强群。换王是前提,养蜂实践中要养成经常换王的习惯,尤其是流蜜期,做好生产繁殖两不误,越冬前要舍得淘汰老王。同等环境下,新王比老王表现出明显的产卵优势。暮秋之际,就要着手培育出一批优质新王,换掉老王。

(2)紧缩巢脾。入冬前做好紧脾措施,每群蜂一定要保持在满4脾以上,抽换老脾,缩小框距,不够满4脾的要将弱群合并,务必要做到箱内蜂多于脾,切勿贪脾、贪群。紧脾减群是为了更快地加脾增群。

（3）适度保温。对蜂群切勿包裹得太严实，要保持箱内透气，蜂群最需要保温的季节是春季春繁时。根据各地气候情况选择使用保温物，长江中下游地区气温不是太低时，将箱盖盖严实缩小巢门即可（蜂箱必须是无缝的，盖与箱的接合处必须是紧密的），巢门切勿朝北。

（4）及时饲喂。及时饲喂是越冬的关键，北方的冬季寒冷绵延不断，南方的冬季冷空气一般不会持久，多数时日南方地区气温较高，对蜜蜂采蜜影响较小。但也要时刻注意天气预报，当冷空气来临前一天，要进行饲喂，饲料以白糖水为主。越冬后期气温较高时可根据春季蜜源的到来时间，灵活选择是否提前饲喂花粉。

（5）灵活调脾。越冬后期要做好紧脾、保温、透气、饲喂等工作。气温在17 ℃以上的午后，要开箱检查蜂群，将中间的封盖脾或卵脾与两边的空脾位置调换，以便蜂王到中间空脾上产卵。与此同时饲喂一次1∶1蜜水，提高蜂王产卵的积极性。由于饲喂了蜂群，蜂群积极性增加，会自觉散开到巢脾上，从而护脾范围扩大。过些时日待到边脾幼蜂开始出房时，再进行调脾。如此反复，冬季群势不但不会减少，反而会日趋兴旺。在阳光普照的正午，当见到巢口有新蜂在密集试飞，便说明冬繁成功。

## 六、良种繁育

### （一）蜂种改良

蜜蜂经过长期的饲养，造成种性混杂、退化，维持群势的能力减弱，产育力（蜂王产卵力与工蜂哺育力）、抗病力和抗逆性衰退，生产性能下降。通过选种和繁育两个步骤，可提高其生产力，并为培育高产杂交种和新品种提供素材。

1.引种与选种。

(1)引种。当蜂场春季繁殖缓慢,蜜蜂采集效率下降,产卵少,经常出现幼虫病或白垩病,夏天群势下降明显,此时应果断采用引种措施。选择春季4—6月,秋季8—10月引种较好。长期没有引种将会导致蜜蜂体型小、体色差异大、时常发病、盗蜂严重等,蜂种处于退化状态,这个时候就需要引种进行改良工作。如果蜂场状况良好,蜜蜂采集、泌浆稳定,抗病良好,可适当引种作母本就可以,防止近亲交尾,保持杂交优势。引种主要有三种方法:引进种王、引进种群和引进卵虫。

①引进种王或种群。这两种方法适合从国内的供种单位引种。可去种王场自取,也可由种王场邮寄,如果邮寄方法得当,可保证蜂王存活15天以上。此方法适合远距离引种,而引进种蜂群则只适合近距离。

②引进卵虫。这是适于近距离引种的方法,并且宜在气温20—30℃时进行。如果行程在3天之内,需要引进1日龄的卵脾,即用卵脾携带箱将蜂王刚产1日龄的卵脾放入,到达场地后立即移虫养王;如果路程在半天之内,则可引进刚孵化不足10小时的幼虫脾。在引种前必须组织好哺育群,以免耽误移虫养王。引进卵虫的方法非常适宜于大面积推广优良蜂种的工作。

(2)选种与选配。选种是对种群(父群和母群)逐代的优选和纯选,把整个蜂群作为一个测定表现型的遗传单位。一方面,鉴定蜂群的经济性状,即与生产蜜蜂产品有关的生物学特性,如产育力、群势增长率、分蜂性、采集力、温驯性、抗病力和抗逆性等;另一方面,鉴定蜂群的形态特征,如体色、工蜂的吻长、前翅宽度和长度、第4背板绒毛带宽度、第5背板覆毛长度、翅钩数、肘脉指数等。

在繁育过程中,一般根据蜂种的表现和育种要求,进行相应的选种和选配工作。为综合和改良蜂种的种性,可采用母群和父群在性状上各具特点的异质选配；为巩固蜂种的优良性状,可采用母群和父群在性状上比较一致的同质选配。为防止连续多年近亲交配而引起种性衰退,并保持其纯度,可以每隔一定时间引进同一蜂种血缘较远的优良种群进行交配。

(3)蜂种的杂交。由不同品种或不同品系的处女王和雄蜂进行交配所产生的蜂王后代发展起来的蜂群,称杂种蜂群。杂种蜂群一般都具有杂种优势,表现出较好的生产性能和增产效果。蜜蜂育种工作中常用的杂交组合有单交(单杂交)、三交(三杂交)和双交(双杂交)3种形式。单交是指一只纯种处女王和另一纯种雄蜂之间的交配。成功后,由该蜂王后代发展起来的称单交种蜂群,其血缘构成是:纯种(蜂王)+单交种(工蜂)。三交是指一只单交种处女王和一只无血缘关系的雄蜂之间的交配,或一只纯种处女王和一只单交种蜂王所产生的雄蜂之间的交配。成功后,由该蜂王后代发展起来的称三交种蜂群,其血缘构成有单交种(蜂王)+三交种(工蜂)和纯种(蜂王)+三交种(工蜂)两种。双交是指一只单交种处女王和一只单交种蜂王所产生的雄蜂之间的交配。成功后,由该蜂王后代发展起来的称双交种蜂群,其血缘构成是:单交种(蜂王)+双交种(工蜂)。不同的杂种蜂群根据生产需要以及当地的蜜源、气候条件等进行培育和使用。

(二)培育蜂王

选育王种一般在春季,第一个蜜粉源植物花期,其他花期也可培育一定数量的蜂王。老劣蜂王产子少、冬季死亡率高,因此在冬季来临之前,必须在初秋培育一批优良健壮的新蜂王,随时更换老劣蜂王。

1.挑选种群与种蜂培育。育王的种用群要选择产卵力高,采集力强，分蜂性弱（能维持强大群势），抗逆性和抗病力强及体色比较一致的蜂群。母群的数量根据育种数量而定，100—200群的蜂场选择3—5群就足够了。父群则要多一些，大约需要25群。这样同期成熟的雄蜂数量多，可保证利用雄蜂的空间优势，避免近亲交配。父、母群的选择工作，须在育王前一个月着手进行。春季育王，父、母群的群势不应低于8脾。用隔王板把蜂王控制起来，强迫蜂王在雄蜂脾上产未受精卵，以保证在计划的时间内有足量的性成熟雄蜂。育雄蜂群内要有50%左右的幼蜂，如果达不到这个比例，就要提入快要出房的老封盖子补充。种用雄蜂的数量应根据处女王的数量而定，在正常情况下，一只处女王需要与7—10只性成熟的雄蜂交尾，就能满足受精需要，为造成空中优势，培育雄蜂的数量应超过4—9倍。哺育群内的幼蜂（哺育蜂为4—13日龄的工蜂）必须占全群的30%以上。如不足，应在育王前15天提入封盖子脾补充。哺育群内，应有5%—10%的雄蜂。如没有，可调入即将出房的雄蜂封盖子脾补充。哺育群的蜂脾关系，在早春时应蜂多于脾，其他季节，蜂脾相称即可，工蜂密度较大，培育的蜂王质量更高。使用隔王板把哺育群分隔成为育王区和蜂王产卵区，继箱的育王区，可设在继箱上。育王框应放在育王区中央。紧靠育王框的两侧，一侧放入幼虫为主的虫卵脾，另一侧放一张封盖子脾。既可起到保温作用，又可保证哺育蜂集中吐浆饲喂蜂王幼虫。

　　育王期间无论外界蜜、粉源如何，都应坚持每天给哺育群饲喂一定量的糖水和花粉。此外，还应做好保温工作，尤其是早春季节。育王群尽可能避免开箱检查，更不要调动和移动巢脾。饲喂时，只要掀开覆布的一角就可，并且动作要轻快，以免引起蜂群内的温、湿度的波动和引起蜂群的骚动，避免影响哺育工蜂正常地哺育蜂王幼虫和所培育蜂王的发育。

2.人工培育蜂王的方法。详见本书第二章养殖技术部分蜂群的春季管理。

3.人工分群。人工分群就是利用蜂群具有自然分蜂的特性,根据生产需要人为地将一群蜜蜂分为两群或数群。

(1)均等分群法。具体做法是:把蜂群向左(或右)挪开一个箱位,然后在原群的左侧(或右侧)摆放一个干净的空蜂箱,接着把原群里的子脾、蜜脾、粉脾连同蜜蜂提出一半放到空蜂箱里去,蜂王留在原群或提到新箱里均可,随即给无王群做个标记。1天后,无王群出现失王情绪后,便可诱入一只优质产卵的新蜂王。

原群分为两群后,由于外勤蜂回来时,在原箱位找不到蜂箱,就会随机进入左右两个蜂箱。如果发现外勤蜂偏集在某一群内,可把该箱再移开一些,把另一箱向原群位置靠近一些,尽可能让两蜂群的外勤蜂数量相等。

为了达到增产的目的,分蜂应在大蜜源到来的前40—50天进行,经过一个多月的繁殖,两群都可以发展成为较强生产群势的蜂群。

(2)非均等分群法。把一群分为不相等的两群,其中一群仍保持强群,另一群为小群,将老王留在强群内,给小群诱入一只产卵王,也可诱入一个成熟王台或一只处女王。

具体做法是:从一个达12框以上的强群里提出3—4张老封盖子脾和蜜、粉脾,并带有以青、幼年蜂为主的2—3框,宁少勿多。

非均等分蜂法的优点是:既能增加蜂群的数量,又没有降低原群生产能力的危险。尤其是被提调蜂、脾的蜂群,由于幼蜂减少,可以预防强群产生分蜂热。缺点是:补蜂工作量较大,如果分出的小群数量大，蜜源到来时，还发展不起来，则会影响生产力。

（3）一群分出多群。为了育王的需要，将一个强群分为若干小群，每群2—3脾，有一张蜜、粉脾和1—2张子脾。保留着老王的原群留在原址，其他小群诱入一只处女王或成熟王台，待处女王交尾成功后，就成为独立的蜂群。如蜂王交尾产卵后，需提出介绍入其他群内，还可继续补蜂，再介绍一个王台。如不需继续育王，可合并于他群之中。

（4）多群分出一群。选择晴天蜜蜂出巢采集高峰的时候，分别从超过10框蜂或7框子的蜂群中，各抽出1—2张带幼蜂的子脾，合并到1只空箱中。第2天将巢脾靠拢，调整蜂路，介绍新蜂王。

# 第三章
# 消毒

消毒是一个有效阻断传染病的方法,通过物理或化学方法消灭停留在不同传播媒介物上的病原体,以此切断传播途径,阻止和控制传染病的发生。其目的是防止病原体散播而引起疾病流行发生。

## 一、消毒的种类

根据消毒的目的,可分为以下3种情况。

1.随时消毒。是指及时杀灭并消除由污染源排出的病原物而随时进行的消毒工作。

2.终末消毒。是指将传染源进行隔离,其痊愈或死亡后,对其原发病场所进行彻底消毒,以期将传染病所遗留的病原物彻底消灭。

3.预防性消毒。是指未发现传染源情况下,对可能被病原体污染的物品、场所和人体进行消毒措施,如放蜂场所消毒、养蜂机具消毒、饮水消毒等。

## 二、消毒的方法

消毒的方法主要有物理消毒和化学药物消毒。在实际应用中,消毒时要根据病原体的特性、蜂群的实际情况来选择消毒方法和消毒剂种类。物理消毒成本低、方便易行,其方法包括清扫、日晒和紫外线辐射、风干及高温处理等。化学消毒法是用化学药品进行消毒,消毒剂应尽可能选择对人、蜂安全,无残留毒性,对设备无破坏性,不会在蜂产品中产生有害积累的消毒剂,并按说明书使用。

养蜂生产上常用的消毒方法包括场地消毒、器械消毒、饲料消毒和蜂体消毒等。

(一)场地消毒

场地消毒非常重要,但是养蜂者普遍不重视。在选择好放蜂场地时,要打扫卫生,拔除杂草,切忌在蜂场周边喷洒除草剂,这样会引起蜜蜂中毒。场地周边没有污水,有污水的地方尽量填平,以免蜜蜂采食污水后患病。蜂场周围最好有洁净的水源,没有化工厂、矿山,和经常喷洒农药的果园、田地。入场前,可对蜂场地面撒石灰粉消毒,或者用5%的石灰水喷洒场地。每周要清理一次蜂场的死蜂和杂草,清理的死蜂应及时深埋。特别是发病死亡的蜜蜂每天要及时清理,清理后的蜂场和蜂箱周围用石灰水消毒。

(二)器械消毒

由于病原物存在于患病蜜蜂和器械中,可以通过蜜蜂粪便、死亡尸体、饲料(蜜、粉)和被污染巢脾进行水平传播,而且存活时间长,如常温下囊状幼虫病病毒在病死幼虫和蜂蜜中可存活1个月,美洲幼虫病的病原物可以在器械上存活数十年。因此,器械必须进行消毒,以避免因为使用器械而将病原物传染给健康的蜜蜂和蜂群。

器械的消毒方法可以分为熏蒸、洗涤和浸泡三法。具体的药物及消毒方法如下。

1.硫黄。用于螨、蜡螟、巢虫、真菌的消毒。在密闭的房间内,将需要消毒的蜂具用水喷湿,以提高消毒效果。按照2—5 g粉剂的用量点燃,用其燃烧时释放出的含二氧化硫的烟雾进行熏蒸消毒,密闭熏蒸24 h。蜂箱消毒时,5个箱体为一组,每个蜂箱放8张脾。将燃烧的木炭放入容器中,立刻撒上硫黄,密闭熏蒸12 h。需要注意的是,使用硫黄时要注意防火,熏蒸后的器械在使用前要充分通风,去除异味。硫黄熏蒸对卵、封盖幼虫和蛹无效。

2.福尔马林或高锰酸钾。主要用于细菌、病毒、芽孢、孢子虫、阿米巴的消毒,一般使用2%—4%福尔马林喷洒地面、墙壁,泡蜂箱等12 h。选择高而深的容器,按照福尔马林10 mL、热水5 mL、高锰酸钾10 g的用量,先将福尔马林倒入容器,再加热水,最后加高锰酸钾,操作过程中防止其燃烧喷溅到衣服上,并且要注意防止吸入烟气。密闭熏蒸时间为5—6 h,熏蒸后的器械在使用前也要充分通风,去除异味。需要注意的是,为了避免福尔马林污染蜂产品,巢脾等要避免用福尔马林消毒。

3.冰醋酸。用于消毒被蜂螨、孢子虫、阿米巴、蜡螟的卵和幼虫等感染的蜂具。采用80%—98%的冰醋酸熏蒸。具体做法:按照每只蜂箱用冰醋酸10—20 mL的用量将冰醋酸洒在布条上,将布条挂在装着欲消毒巢脾的蜂箱里,将箱体擦好,盖好蜂箱盖进行密闭熏蒸24 h。气温低于18 ℃时,延长熏蒸3—5天。

4.84消毒液。用于细菌、芽孢、真菌和病毒的消毒。蜜蜂感染了细菌病,可用0.4%的84消毒液消毒10 min;消毒病毒时,可用5%的84消毒液消毒90 s。84消毒液可对蜂箱、蜂具、巢脾消毒,但金属物品的洗涤时间不宜过长。84消毒液应注意避光保存。

5.漂白粉。用于细菌、芽孢、真菌和病毒的消毒。可用5%—10%的漂白粉消毒2 h。漂白粉可对蜂箱、蜂具、巢脾消毒,但金属物品的洗涤时间不宜过长。此外,漂白粉还可以用于消毒水源,1 m水源加漂白粉6—10 g,消毒30 min。

6.食用碱。用于细菌、真菌和病毒的消毒。可以用3%—5%的食用碱消毒。食用碱也可用于蜂箱的洗涤。巢脾的消毒需要2 h,蜂具和衣服的消毒需要30—60 min。越冬室的墙壁和地面的消毒可以喷洒食用碱的水溶液。

7.食盐水。用于细菌、真菌、孢子虫、阿米巴和巢虫消毒。可以用36%的饱和食盐水进行蜂箱、蜂具、巢脾消毒,浸泡时间为4 h。

8.酒精喷灯火焰灼烧消毒。金属质蜂具,如起刮刀、割蜜刀等可用酒精喷灯火焰灼烧消毒。

9.干热消毒。空箱、巢脾及养蜂工具可以放置在可以升温的空间里,将温度升高至49 ℃,维持24 h可杀死微孢子虫。

(三)饲料消毒

被真菌孢子污染的花粉是真菌病传播的主要途径,因此在饲喂花粉时必须进行消毒。花粉消毒的主要方法如下:

1.高温蒸汽消毒。将花粉在锅里用高温蒸汽蒸15 min,待花粉变凉后即可使用。

2.辐射消毒。利用γ-射线源Co放射所产生的射线来杀菌。其杀菌原理是利用射线的高能量直接破坏细菌的酶系统而导致细菌死亡。辐射对蜂花粉中的蛋白质、糖类和氨基酸影响不大,经过辐射后花粉中的病菌失去活性,而花粉的成分没有明显变化(维生素C和过氧化氢酶除外),蛋白质还更稳定。

3.微波消毒。家庭中可以采用微波炉进行花粉消毒,消毒过程中注意经常翻动,避免烧焦。

(四)蜂体消毒

患病蜂群中的蜜蜂常带有病原菌,在进行蜜蜂病虫害防治时,可以同时进行蜂体消毒。在天气较好的时候可以用百毒杀等季铵盐类消毒剂进行消毒。

# 第四章
# 病虫害防治

蜜蜂病虫害控制是养蜂取得收益的重要手段。蜂王的质量和蜂群饲养管理会影响病虫害的发生。作为养蜂者,应该清楚地知道蜜蜂病虫害的分类和发病特征,以便有针对性地开展病虫害防控。更重要的是在了解蜜蜂生物学的基础上,保证蜂群获得充足的营养,在每个生产季后为蜜蜂留足繁殖和休息的时间,保证蜜蜂周年处于良好的健康状态,从根本上降低病虫害的发生。

## 一、蜜蜂病虫害的分类和特点

引起病虫害发生的因素很多,依据其特点,可以分为物理因素、化学因素和生物因素。

物理因素:包括机械创伤、温度、湿度、射线等,其作用根据剂量不同而不同。在一定程度内,蜜蜂可以自行修复,超过该范围,蜜蜂和蜂群很难修复。

化学因素:蜜蜂接触到的化学因素主要有各种药剂,包括蜜蜂采集所接触到的植物上的药剂,因防治蜜蜂本身的病虫害而施用的蜂群药剂等。

生物因素:按其病原分为真菌、细菌和病毒引起的传染病,寄生螨、寄生性昆虫、原生动物和寄生性线虫等引起的侵害,以及遗传因素。

## 二、常见蜜蜂病毒病及防治

### (一)囊状幼虫病

1.病原。蜜蜂囊状幼虫病病原为囊状幼虫病毒。囊状幼虫病毒主要有西方蜜蜂囊状幼虫病毒、中蜂囊状幼虫病毒与泰国囊状幼虫病毒,在我国构成严重危害的是中蜂囊状幼虫病毒,该病毒粒子呈球形,粒子大小约为30 nm。

2.流行病学。该病毒最初于1971年在我国广东发生并流行。温度低,温差大,蜂群保温差,易发病,特别是早春寒流袭击后,发病高峰期一般从当年10月至翌年的3月,以当年11—12月及翌年2月下旬至3月为最高峰,4—9月通常病害减弱,夏季常自愈。病虫是主要的传染源,通过工蜂的饲喂活动传播至健虫。早春及初冬,被感染的工蜂则是传染源。传染是经口进行,病毒随食物进入幼虫体内。

3.症状。此病毒最典型的症状是导致感染的幼虫具有囊状水样外观。而感染此病毒的幼虫不能化蛹,虫体的颜色是由白色到淡黄色,最后变成棕褐色而死亡。大日龄幼虫在感染此病毒后,头部上翘,体表失去光泽。另一个典型的症状是整个子脾容易出现"花子"。

4.诊断。囊状幼虫病可从病死幼虫的症状特征、电镜观察和血清学三个方面来确诊。

(1)症状诊断。每天上午蜜蜂开始采集活动时,可看到工蜂从巢内拖出病虫尸体,散落在巢门前地上,可疑为蜂群患病。打开蜂箱,提出子脾,可看到子脾上有"插花子",房盖有穿孔,房内有尖头死幼虫,白色无臭,易从巢房中拖出,且病虫末端带一充满水液的小囊,可初步诊断为囊状幼虫病。

(2)样品送检。可将病幼虫送有关部门进行电镜观察和血清学诊断。

5.防治措施。此病毒为当前中华蜜蜂发生最为严重的病害。在感染初期不严重时,可采取中草药半枝莲(50 g)与金银花(50 g)煎熬后,将药汁与糖水(1:1)饲喂蜜蜂,饲喂4—5次后观察其治疗效果,如果有效,再继续饲喂2—3次。在早春时,营养饲料必须充足,加强群势,增加抵抗力,如分群蜂感染囊状幼虫病,应将多个弱群合并后组成强群饲养,如果仍无效时,应立即换王,改变子一代感染的情况。当发现蜂群感染此病毒非常严重,子脾呈现幼虫分布不均,"花子"现象特别严重时,应隔离蜂群,将病群搬离原场,禁止将病群的子脾、巢框等设备移入健康群进行使用。

(1)选育抗病品种。从发病蜂场中选择抗病力强的蜂群作为父母群,培育蜂王和种用雄蜂,用培育的新蜂王更换病蜂群的蜂王,这样经过连续几代的选择,就能够大大地提高蜂群的抗病力。在选育期间,同时注意捕杀病群的雄蜂,则抗病选育的效果会更好。

(2)适时换王。针对2个高峰期适时换王,特别是中蜂,换王也是生产上的需要。换王抑制病害的意义在于:①断子,箱内缺少寄主,切断传染的循环,减少主要传染源;②体内带毒工蜂无虫可育,出巢采集,新出房的工蜂因群内无病虫,无需清除病虫,不会受到感染,在哺育下一批新王产卵孵化的幼虫时不成为传染媒介;③通常新蜂王生活力强,带毒也少。

(3)加强饲养管理。早春和晚秋气温较低时,合并弱群,密集群势,注意保温,以减少群内温度变化的幅度,缩小巢门,做到蜂多于脾,增强蜂群的清扫能力;群内留足饲料,使幼虫发育正常;取蜜劳作要快、轻、稳,减轻幼虫受温湿度的影响及降低机械损伤程度；对患病蜂群采用囚王或换王的方法进行断子，彻底清巢，减少病毒重复感染的机会。在断子期间，对病蜂群的巢脾和蜂箱彻底清扫和消毒，消灭传染源。巢脾可用甲酸、冰醋酸密闭熏蒸消毒，蜂箱可用2%的氢氧化钠水溶液进行刷洗消毒；同时给蜂群补充蛋白质饲料（如花粉、黄豆粉）及维生素等，增强蜂群的抵抗力。

（4）药物治疗。药物治疗是防治囊状幼虫病中不可缺少的一个环节，由于目前尚无治疗该病的特效药，因此在用药上常常会出现开始有效以后无效，药效不明显等现象。实践证明，使用药物治疗必须结合饲养管理、交叉用药措施，才能收到明显的药物效果。在用药上要以中药为主，中西药结合。

①半枝莲（又名狭叶韩信草）50 g。

②五加皮50 g，金银花25 g，桂枝15 g，甘草6 g。

③贯众50 g，金银花50 g，甘草10 g。

任选上述一配方，加入适量水，煎煮后过滤，取滤液，按1∶1的比例加入白糖，配成药物糖浆喂蜂，每一配方剂量可治疗10—15框蜂。此外，还可用抗病毒862，取药1包（4 g）加入50%的糖水1 kg，混合均匀，喂40框蜂，每3天1次，连续4—5次为1个疗程，一般2个疗程即可痊愈。

(二)慢性麻痹病

慢性蜜蜂麻痹病又叫瘫痪病、黑蜂病。是危害成年蜂的主要传染病，在我国春季和秋季大量死亡的成年蜜蜂中，有较大部分是由慢性蜜蜂麻痹病引起的。

1.病原。慢性蜜蜂麻痹病病毒，该病毒寄生于成年蜜蜂的头部，其次是胸、腹部神经节的细胞质内，在肠、上颚和咽腺内也含有此病毒。

2.流行病学。该病毒在我国分布较为广泛,主要感染成蜂,意大利蜜蜂与中华蜜蜂感染率都较高,且潜伏期较长,不易观察发现,当出现可见症状时,蜂群感染已相当严重。该病发生并流行于春初、秋末或冬初。

3.症状。病蜂症状表现出两种类型。一种为"大肚型",即病蜂腹部膨大,蜜囊内充满液体,内含大量病毒颗粒,身体和翅颤抖,不能飞翔,在地面缓慢爬行或集中在巢脾框梁上、巢脾边缘和蜂箱底部,病蜂反应迟钝,行动缓慢。另一种为"黑蜂型",即病蜂身体瘦小,头部和腹部末端油光发亮,由于病蜂常常受到健康蜂的驱逐和拖咬,身体绒毛几乎脱落,翅常出现缺刻,身体和翅颤抖,失去飞翔能力,不久衰竭死亡。在一群蜂内有时出现两种症状,但往往以一种症状为主,一般情况下,春季以"大肚型"为主,秋季以"黑蜂型"为主。

4.诊断方法。

(1)症状诊断。若发现蜂箱前和蜂群内有腹部膨大或身体瘦小,头部和腹部体色暗淡,身体颤抖的病蜂,即可初步诊断为慢性麻痹病。

(2)样品送检。慢性蜜蜂麻痹病易与其他成年蜂病症状相混淆,不易确诊。要做出正确诊断,可将样品寄送到蜂病诊断中心,通过血清学检验加以确诊。

5.防治措施。

(1)定期进行蜂场和养蜂用具消毒。使用被病毒污染的养蜂机具也是一个重要的交叉传播途径,所以定期进行蜂场和养蜂用具消毒可抑制病害滋生,有效切断包括蜜蜂病毒在内的多种病原物的传播途径。实践证明10%的漂白剂水溶液浸泡处理被污染机具和巢脾可有效杀灭和降解包括病毒在内的多种病原物。此外X-射线和γ-射线也可有效灭活蜜蜂病毒,但受设备和操作条件的限制,无法广泛应用。

(2)适时更换巢脾。蜜蜂病毒广泛存在于蜂群蜂箱内,如蜂蜡、蜂箱内壁、蜂蜜和花粉中,特别是由花粉经蜜蜂加工而成的蜂粮内常常含有大量的病毒颗粒。对老旧巢脾更换时,为避免洁净的新巢脾被污染,最好整箱同时更新,而不是单独多次更新。

(3)防止蜜蜂取食污染饲料。一旦发现蜜源植物或蜜蜂饲料被污染,要迅速远离污染蜜源,更换蜜蜂饲料。

(4)防治大蜂螨。有研究表明,蜂螨是传播病毒的媒介。大蜂螨通过吸取健康蜂和病蜂的体液,使得该病传播,是主要的传播途径之一,因而利用蜂群断子期,适时进行蜂螨防治也可抑制病毒病的发生。

(5)选育抗病品种,提高蜂群天然免疫力。更换蜂王,选用无病群培育的蜂王来更换患病群的蜂王,以提高蜂群繁殖力和对疾病的抵抗能力。选育抗病和耐病的蜂种,蜂种选育技术正日趋成熟,运用高速发展的谱系分析和分子定位技术来确定和筛选理想性状。在缺少蜜源时,要及时补充饲喂,尤其应补给适量的蛋白质饲料,以增强群势,减少病害。

(6)药物预防蜂群,提高未患病蜂群的抵抗力。广大蜂农要转变一个观念,即蜜蜂寿命是很短暂的,已经生病的蜜蜂是很难或者根本不可能用药物治愈的。所施用的药物是对发病蜂群中的那些还没有感染病原的蜜蜂,以及场内其他没感染病原的蜂群进行预防性控制,不再继续染病发病。通过查阅相关文献整理出以下几种防治方法(仅供参考)。

①生川乌10 g,五灵芝10 g,威灵仙15 g,甘草10 g,加适量水煮沸,澄清加蜜拌匀。该药分3次煮沸,澄清后加糖,口感有

点甜即可。用喷雾器斜喷蜂体,见雾即停,逐脾喷治,每天3次,喷治3天后停1天,第5天可见效。

②蜂胶酊:先用一倍清水稀释蜂胶酊,然后将稀释的蜂胶酊洒在巢脾、蜂箱四边的蜜蜂体上,3—5天1次,连续治疗5次后,麻痹病症状可见消失。

③升华硫:将升华硫洒于蜂路、框梁或箱底,对该病进行防治。一般的用量为每群每次7 g左右,切忌用量过多,否则会造成未封盖幼虫中毒。

(三)黑蜂王台病毒病

黑蜂王台病是由黑蜂王台病毒引起的蜜蜂传染性病毒病。其主要表现为感染的幼虫呈灰黄色,继而呈囊状,死亡后幼虫为黑色,巢房也为深黑色。

1.病原。蜜蜂黑蜂王台病是由黑蜂王台病毒引起的一种感染蜂王的小RNA病毒。在病毒分类学上,属于双顺反子病毒科,蟋蟀麻痹病毒属,其病毒粒子大小为30 nm。

2.流行病学。黑蜂王台病毒于1977年第一次从死蜂王幼虫和蛹分离出。该病主要侵染4—5日龄蜜蜂蜂王幼虫,最初发现该病时,在蜂王幼虫的巢房里,死亡的幼虫为黑色,其巢房也为深黑色,主要发生于春季与初夏,在蜂群大量繁殖期与育王生产期发病率高。与囊状幼虫病病毒相比,黑蜂王台病病毒在成年蜂和雄蜂体内不易增殖。

本病的主要传播途径是:蜂群间通过蜜蜂的寄生性病原,如螨和微孢子虫,进行传播;同一蜂群内,成蜂通过螨及微孢子虫将病毒传播给健康蜜蜂及幼虫,导致成蜂及幼虫患病。

3.症状。在感染此病毒的初期,染病的幼虫呈现灰黄色,然后呈囊状,类似于囊状幼虫病的症状。该病毒在蜜蜂的蛹期快速增殖,导致感染的蛹快速变黑,而加速其死亡。工蜂也会感染黑蜂王台病毒,但是通常不会引起外部典型的症状。

4.诊断。黑蜂王台病毒与蜜蜂微孢子虫及狄斯瓦螨紧密相关,另外狄斯瓦螨被证实是黑蜂王台病毒的重要载体,当发现有螨或打开蜜蜂中肠可见微孢子时,要及时防治。

根据流行病学特点、临床症状等可做出初步诊断,若需进一步确诊需进行实验室诊断。

5.防治措施。为防止本病的发生需做好平时的饲养管理工作,引入的蜂群或蜂王应取得检疫合格证明,经过隔离观察证明无病方可入群饲养。其次,发现巢房与幼虫有变黑的症状,应立即换王,将原有幼虫脾移出隔离或销毁。同时,重点检查蜂群是否感染微孢子虫,如果镜检发现感染了微孢子虫,应立即采取饲喂柠檬酸或米醋等方法防治。然后,在饲喂花粉时,一定要将花粉先消毒,尤其是春季的湿冷天气,必须保证花粉的卫生质量,且保证巢箱的干燥。最后,在繁殖期和生产期之前,每月可用金银花等中草药预防1—3次。

### (四)蜜蜂残翅病

蜜蜂残翅病是由蜜蜂残翅病毒引起的一种蜜蜂病。其主要特征是感染蜂的翅膀发育不良或发育畸形,失去飞行能力。

1.病原。蜜蜂残翅病毒首次分离自日本病蜂,自此世界各地都报道了该病毒的发生与分布。该病毒不但能感染意大利蜜蜂也能感染中华蜜蜂。能引起蜜蜂的翅发育不全或畸形,无法呈现正常的平整状态,造成蜜蜂不能飞翔。蜜蜂残翅病毒为正义单链 RNA 病毒,属于传染性软腐病病毒属,其毒株的基因组其结构是含有两个大的开放阅读框(ORF),即 ORF1 和 ORF2,其重要的结构蛋白都位于 ORF2 上。现全球已获得超过 100 个毒株,但其毒株的致病性具有明显的差异性。显微镜下就能观察到形状为二十面体,病毒大小为 30 nm。

2.流行特点。该病毒不但能够感染意蜂还能感染中蜂,主要感染新出房的工蜂,卵、幼虫、蛹也会受到感染。病毒会广泛分布于蜜蜂身体的不同组织中,例如肠、精囊和卵巢等器官。

3.症状。该病毒是现在已知蜜蜂病毒中研究最为广泛的病毒之一。其中感染的蜜蜂个体变小,翅膀残缺不齐,失去原本的体色。主要感染新出房的工蜂,翅膀会因为发育不良出现残缺,不能和正常蜜蜂一样飞翔,只能在巢门前爬行。除了感染成年的蜜蜂,也会感染卵、幼虫、蛹,当蜂蛹受到感染之后不会立即死亡,而是等工蜂出房之后才会致死。病毒会广泛分布于蜜蜂身体的不同组织中,例如肠、精囊和卵巢等器官。

4.诊断。蜜蜂残翅病毒与蜜蜂狄斯瓦螨紧密相关,一般情况下,蜜蜂残翅病与大蜂螨疾病是并存的。打开蜜蜂幼虫的表面体层或者是蜂蛹巢房就可以看见蜂螨在幼虫或者是蜂蛹的身体上,若是蜂螨危害严重,那么蜂群就已经患有严重的残翅病毒了。

根据流行病学特点、临床症状等可作出初步诊断,若需进一步确诊需进行实验室诊断。

5.防治措施。该病毒能够与蜂螨相互密切合作,养蜂者在上一年的越冬期前处理螨虫的工作中,一定要彻底地清除螨虫的危害,彻底杀光螨虫。在残翅病毒感染的早期可以采取全面杀螨或者是直接换掉老、劣、病王的方式,阻止蜜蜂病毒进一步传播与扩散。

尽量减少蜂具以及蜂粮在蜂群间循环使用,尤其是感染严重的蜂群的巢脾以及巢框、蜜脾和蜂刷不能放到其他健康的蜂群或者是感染病毒较轻的蜂群,防止带入感染源。还要注意的是蜜蜂的蜂具要定期做好清洗工作,使用低浓度的消毒水进行全面的消毒,消毒之后用清水清洗干净并放到日光下照射,若是严重感染的蜂群的巢脾就不要使用了,及时收集起来集体销毁。

当蜂场已经严重感染的话,可以将全部蜂箱的蜜蜂搬离到安全健康的区域,注意不要搬到其他蜂场的附近,若是不能控制的话,只能销毁蜂箱。同时,为了整体蜜蜂的健康,在没有诊断病情的形势下不能胡乱使用药物。

### 三、常见蜜蜂细菌性疾病及防治

#### (一)美洲幼虫腐臭病

美洲幼虫腐臭病是蜜蜂幼虫和蛹的一种细菌性急性传染病,又名臭子病、烂子病。美洲幼虫腐臭病最早发现于英国,随后蔓延至欧美各国,于1929—1930年由日本传入中国,目前在全国各地零星发生。

1.病原。美洲幼虫腐臭病的病原为幼虫芽孢杆菌,革兰氏阳性菌,1904年由White发现。该菌具周身鞭毛,能运动,能形成芽孢。幼虫芽孢杆菌对外界不良环境的抵抗力很强。

幼虫芽孢杆菌为兼性厌氧菌,在含有硫胺素和数种氨基酸的半固体琼脂培养基上生长良好,还可以在胡萝卜-胨-酵母琼脂上生长。该细菌生长过程中产生的毒霉能抑制其他细菌的生长,也能抑制自身的生长。因此,在该细菌的培养过程中可看到自溶现象,有时甚至要用活性炭吸附其毒霉,菌落生长才能良好。该细菌最适生长温度为35—37 ℃,最适pH为6.8—7.0。将幼虫芽孢杆菌接入上述培养基内,置于34 ℃下培养,一般在48—72 h后才能出现菌落。菌落小、乳白色、圆形、表面光滑,略有突起并具有光泽。若接种到没有葡萄糖的培养基上,3—4天内形成芽孢。

幼虫芽孢杆菌能分解木糖、葡萄糖半乳糖、柳醇,有时也分解乳糖和蔗糖,产酸,不产气,能分解硝酸盐而产生亚硝酸,能缓慢地液化明胶,能分解半胱氨酸生或硫化氢;不分解甘露醇、卫矛醇及过氧化氢;不水解淀粉。

2.流行病学。美洲幼虫腐臭病常年均有发生,夏秋高温季节呈流行趋势,轻者影响蜂群的繁殖和采集力,重者造成蜂群覆灭。幼虫芽孢杆菌主要是通过幼虫的消化道造成感染。带有病死幼虫尸体的巢脾是病害的主要传染源,内勤蜂在清理巢房和清除病虫尸体时,把病菌带进蜜、粉房,通过饲喂将病菌传给健康幼虫。在蜂群间的传播,主要是养蜂人员将带菌的蜂蜜作饲料,调换子脾和蜂具;另外,盗蜂和迷巢蜂也可以将病菌传染给健康蜂。还发现胡蜂也会感染和传播美洲幼虫腐臭病。孵化后24 h的蜜蜂幼虫最容易感染,老熟幼虫、蛹、成蜂都不易患此病。中华蜜蜂至今尚未发现此病的危害。

3.症状。该病常使2日龄幼虫感染,4—5日龄幼虫发病,主要使蜜蜂封盖后的末龄幼虫和蛹死亡,死亡幼虫和蛹的房盖潮湿、下陷,后期房盖可出现针头大的穿孔,封盖子脾上出现空巢房和卵房、幼虫房、封盖房相同排列,俗称插花子脾。死亡幼虫失去正常白色而变为淡褐色,虫体萎缩下沉直至后端,横卧于蜂室时幼虫呈棕色至咖啡色,并有黏性,可拉丝,有特殊的鱼腥臭味。幼虫干瘪后变为黑褐色,呈鳞片状紧贴于巢房下侧房壁上,与巢房颜色相同,难以区分,也很难取出。患病大龄幼虫偶尔也会长到蛹期以后才死亡,这时蛹体失去正常白色和光泽,逐渐变成淡褐色,虫体萎缩、中段变粗、体表条纹突起、体壁腐烂,初期组织疏软、体内充满液体、易破裂,以后逐渐出现上述拉丝、发臭等症状。蛹死亡干瘪后,吻向上方伸出,是本病的重要特征。

4.诊断。

(1)症状诊断。从可疑患病蜂群中,抽出一两张封盖子脾,若发现插花子脾状,即可初步诊断为美洲幼虫腐臭病。诊断结果需依靠实验室进行病原菌的分离鉴定。

(2)牛乳试验。取新鲜牛乳2—3 mL置试管中,再挑取幼虫尸体少许或经分离培养的菌苔少许,加入试管中,充分混合均匀,加热到74 ℃,若为美洲幼虫腐臭病,在40 s内即可产生坚固的凝乳块,健康幼虫需要在13 min以后才产生凝集块。

(3)病原诊断。挑取可疑死蜂尸体少许,加少量无菌生理盐水制成悬浮液,滴1—2滴在干净的载玻片上并涂匀,室温下风干。选择下列两种不同染色方法进行染色后,在显微镜(1000×)下检查。

①孔雀绿、沙黄芽孢染色法将涂片经火焰固定后,加5%孔雀绿水溶液于载玻片上,加热汽腾3—5 min,用蒸馏水冲洗后,加0.5%沙黄水溶液复染1 min,再用蒸馏水冲洗,用滤纸吸干,镜检。菌体呈蓝色,芽孢呈红色,即可确诊。

②石炭酸复红染色和碱性亚甲蓝复染法将涂片经火焰固定后,加稀释石炭酸复红液于载玻片上,加热汽腾2—5 min,用蒸馏水冲洗后,用5%醋酸褪色,至淡红色为止(约10 s),以骆氏亚甲蓝液复染0.5 min,再用蒸馏水冲洗,吸干或烘干,镜检。菌体呈蓝色,芽孢呈红色,即可确诊。

(4)生化诊断法。幼虫芽孢杆菌能分解葡萄糖、半乳糖、果糖,产酸不产气;不分解乳糖、蔗糖、甘露醇、卫矛醇;不水解淀粉;不产生靛基质,缓慢液化明胶,还原硝酸盐为亚硝酸盐

(5)分子诊断法。目前有多种分子生物学方法可以检测美洲幼虫腐臭病。

5.防治措施。美洲幼虫腐臭病不易根除,因此要特别重视

预防工作。首先,要杜绝病原传入。越冬包装之前,对仓库中存放的巢脾及蜂具等都要进行一次彻底的消毒。在生产季节操作时要严格遵守卫生规定,严禁使用来路不明的蜂蜜作饲料,不购买有病蜂群。培育抗病蜂王,饲养强群,增强蜂群自身的抗病性。出现发病蜂群时,要进行隔离治疗,有病蜂群的蜂具要单独存放。

患病蜂群要采取不同方法防治。由于病原菌本身具有芽孢对外界环境的抵抗力很强,加上尸体黏稠,干枯后又紧贴房壁,工蜂难以清除,一般消毒剂也难以渗入尸体中杀死病原菌。因此,带病菌的巢脾,就成为病害重复感染的主要传染源,难以根除。对于"烂子"面积30%以上的重病蜂群,要全部换箱换脾,子脾全部化蜡。患病较轻的蜂群要用镊子将患病幼虫清除,或再用棉花球蘸上0.1%新洁尔灭溶液或70%的酒精进行巢房消毒。蜂箱、蜂具、盖布、纱盖、巢框可用火焰或碱水煮沸消毒;巢可用6.5%次氯酸钠,氯异氰尿酸钠或过氧乙酸溶液浸泡24 h消毒,也可用环氧乙烷熏蒸消毒。

用红霉素治疗美洲幼虫腐臭病有良好效果。治疗时每500 g糖浆(糖与水按1:2的比例配制成糖浆)可以加入红霉素0.1 g,用来饲喂蜂群。每脾蜂喂25—50 g,每隔1天喂1次,一个疗程可喂4次。注意严格执行休药期,大流蜜期前一个月停止喂药,同时将蜂箱中剩余的含有药物的蜜摇出,这样的蜂群可以作为生产群,而继续喂药的蜂群不能作为生产群使用。

(二)欧洲幼虫腐臭病

欧洲幼虫腐臭病是由蜂房蜜蜂球菌等引起蜜蜂幼虫的一种细菌性传染病。以2—4日龄未封盖的幼虫发病死亡率最高,重病群幼虫脾出现不正常的"花子"现象,群势削弱。蜂群患病后不能正常繁殖和采蜜。该病世界各国都有发生,中蜂对该病抵抗力弱,病情比意蜂严重。

1.病原。欧洲幼虫腐臭病的致病菌是蜂房蜜蜂球菌,其余为次生菌,蜂房蜜蜂球菌为革兰氏阳性菌,容易脱色,披针形,单个、成对或链状排列,大小0.5—0.7 μm,无运动性,一般不形成芽孢,有时可形成荚膜。涂片检查可见多呈单个存在,也有成双链状或梅花络状排列的。为厌氧至需微量氧的细菌,需要含有二氧化碳的厌氧条件(25%体积)培养,蜂房蜜蜂球菌在马铃薯琼脂培养基上生长良好,最适生长温度为35 ℃,在平皿上菌落直径为1 mm,乳白色、边缘光滑、中间透明突起。

2.流行病学。欧洲幼虫腐臭病发生的先决条件是群势弱,蜂巢过于松散,保温不良、饲料不足,蜂房蜜蜂球菌快速的繁殖,导致疾病暴发。而在强群中幼虫的营养状况较好,发病较轻。

蜂房蜜蜂球菌主要是通过蜜蜂消化道侵入体内,并在中肠腔内大量繁殖,患病幼虫可以继续存活并可化蛹。但由于体内繁殖的蜂房蜜蜂球菌消耗了大量的营养,这种蛹很轻,难以成活。患病幼虫的粪便排泄残留在巢房里,又成为新的传染源,内勤蜂的清扫和饲喂活动又可将病原传染给健康的幼虫。通过盗蜂和迷巢蜂可使病害在蜂群间传播,蜜蜂相互间的采集活动及养蜂人员不遵守卫生操作规程,都会造成蜂群间病害的传播。

没有任何一种蜜蜂对欧洲幼虫腐臭病有抵抗力,东方蜜蜂比西方蜜蜂更容易感染,尤以中蜂发病较重。这种病在蜜蜂育虫期均可发生,一般在春天达到最高峰,入夏以后发病率下降,秋季有时仍会复发,但病情较轻。各龄未封盖的蜂王、工蜂、雄蜂幼虫均易受感染,一般是1—2日龄的幼虫感病,潜伏期为2—3天,3—4日龄幼虫死亡。幼虫日龄增大后,就不易感染,成蜂也不感染发病。

3.症状。刚死亡的幼虫位置错乱,失去正常饱满的状态和光泽,呈苍白色,扁平,以后逐渐变黄,最后呈深褐色。幼虫尸体呈溶解性腐败,因而幼虫的背气管清晰可见,呈放射状。有时病虫在直立期死亡,与盘曲期死亡的幼虫一样逐渐软化,陷塌在巢房底部,尸体残余物无黏性,用镊子挑取时不能拉成细丝。幼虫死亡后很易被工蜂清除而留下空房,这样就形成空房与子房相间的"插花子脾"。有些受感染的幼虫不立即死亡,也不表现任何症状,持续到幼虫封盖期再出现症状,如幼虫房盖凹陷,有时穿孔,受感染的幼虫有许多腐生菌,产生酸臭味。病虫尸体干后形成鳞片,干缩在巢房底,容易移出。

4.诊断。

(1)症状诊断。若从可疑患病蜂群中发现上述症状,即可初步诊断为欧洲幼虫腐臭病。

(2)病原诊断。挑取待检样品少许,加少量无菌生理盐水制成悬浮液,滴1—2滴于干净的载玻片上并涂匀,自然风干或置于火焰上慢慢干燥,用碱性亚甲蓝染色1—2 min,然后置于1000倍显微镜下检查,若在视野中发现许多蓝色的单个、成对、成堆或成链的球菌和部分次生杆菌即可初步诊断为欧洲幼虫腐臭病。进一步确诊需分离培养病原,做生化试验鉴定。

(3)分子诊断。目前已经采用分子生物学方法检测欧洲幼虫腐臭病病原。

5.防治措施。

(1)加强饲养管理。重视早春的保温,提供充足的饲料,以提高蜂群的抗病能力。

(2)加强预防工作。平时注意蜂场和蜂群的卫生,对巢脾和蜂具严格消毒。

(3)替换病群蜂王。先给病群换产卵力强的蜂王,大量补充卵虫脾,可促使工蜂更快清除病虫,恢复蜂群健康。

(4)药物治疗。磺胺类药物和抗炎中草药,如穿心莲、金银花。以一个成人药量加糖水饲喂15框蜂。

(5)生物防治。防治欧洲幼虫腐臭病可使用灭活疫苗。这是一种用福尔马林灭活的腐臭菌细胞培养物悬液,此疫苗可用作无病蜂场的预防和有病蜂场的治疗。

### (三)蜜蜂败血病

败血病是西方蜜蜂的一种成年蜂病害,目前广泛发生于世界各养蜂国。在我国北方沼泽地带,此病时有发生。

1.病原。病原为蜜蜂败血杆菌。该菌为多形态杆菌,大小为$(0.8—1.5)\mu m\times(0.6—0.7)\mu m$,革兰氏阴性菌,周身鞭毛,运动力强,兼性厌氧,无芽孢。

此菌对外界不良环境抵抗力弱,在阳光和福尔马林蒸汽中可存活7 h,在蜂尸中可存活30天,100 ℃沸水中只能存活3 min。

2.流行病学。蜜蜂败血杆菌广泛存在于自然界,如污水、土壤中,污水是主要传染源。蜜蜂在沾染或饮用了含有病原菌的污水后即感染病菌,并将病菌带回蜂巢。病菌主要通过接触,由蜜蜂的节间膜、气门侵入体内。

3.症状。病蜂烦躁不安,不取食、不飞翔,在箱内外爬行,最后抽搐而死。死蜂肌肉迅速腐败,肢体关节处分离,即死蜂的头、胸、腹、翅、足分离,甚至触角及足的各节也分离。病蜂血淋巴变为乳白色,浓稠。

4.诊断。

(1)根据典型症状诊断。死蜂迅速腐败,肢体分离。取病蜂数只,摘取胸部,挤压出血淋巴呈乳白色。据此可做初步判断

(2)显微检查。取病蜂血淋巴涂片镜检,有多形态杆菌,且革兰氏染色阴性。

5.防治措施

由于污水坑是主要的病源,因此要防止蜜蜂采集污水。为此,蜂场应选在干燥处,并设置清洁水源,蜂群内注意通风降湿。

(四)蜜蜂副伤寒病

蜜蜂副伤寒病是西方蜜蜂的一种成年蜂病害,世界许多养蜂国都有发生。我国东北地区发生较多,常在冬末发生,特别是阴雨潮湿天气较重,严重影响蜂群越冬和春繁。

1.病原。病原为蜂房哈夫尼菌,菌体为两端钝圆的小杆菌,大小为$(1—2)\mu m \times (0.3—0.5)\mu m$,革兰氏阴性菌,不形成芽孢。在肉膏蛋白胨培养基上培养24 h,落针尖大,浅蓝色,半透明;在马铃薯培养基上形成淡棕色的菌落。

2.流行病学。污水坑是箱外的传染源,病原菌可在污水坑中营腐生生活。蜜蜂沾染或饮用了含菌的污水后患病。被病蜂粪便污染的饲料和巢脾是巢内主要的传播媒介。实验研究表明,从寄生病蛹上的大蜂螨的血淋巴及唾液腺中均检查到哈夫尼菌,大蜂螨还可将病菌传染给健康蛹,健康蛹感病的概率随蛹体上寄生螨数的增多而提高,当有1只螨寄生时整个蜂群有16.7%的蛹感染,2只时感染率为30.7%,4只时达81.8%,7只时达95.0%。

该病的发生具有较明显的季节性,多发于春、冬季节,外界气温低、阴雨、潮湿以及早春出现寒潮时易引起该病的流行。

3.症状。患病蜜蜂腹部膨胀,体色暗淡,体质衰弱,行动迟缓,不能飞翔并下痢。患病严重的蜂群,在早春排泄飞翔时,排出黏稠恶臭的褐色粪便,并可在蜂箱底及巢门前见到死蜂和排泄物。观察病蜂消化道,中肠灰白色,中、后肠膨大,后肠积满棕黄色粪便。

4. 诊断。由于病蜂无特殊的症状,很难直接从外表诊断。取患病蜂的消化道的内容物或血淋巴做涂片检查,也可将整个蜂体研磨制备病蜂悬浮液涂片镜检,若发现较多的小型或多态型的杆菌时,即可初步诊断,同时做分离培养及生物学鉴定,加以确诊。

5. 防治措施。该病以预防为主。选择干燥的地方放置蜂群,留足优质越冬饲料,蜂场设置清洁的水源,晴暖天气促蜂排泄。

哈夫尼菌对土霉素和氯霉素最为敏感,其次是磺胺类药。因此在防治上应用以上几类药物配成药物糖浆饲喂或喷喂蜂群,可取得良好的防治效果。常用的浓度和剂量如下:土霉素,每千克糖浆内加药10万—20万单位;氯霉素,每千克糖浆内加药10万单位;复方新诺明,每克糖内加药1—2 g。以上3种药物可任选一种,按每框每次饲喂50 mg每隔4—5天给药1次,连续3—4次为一疗程。

## 四、常见蜜蜂真菌性疾病及防治

### (一)蜜蜂黄曲霉病

1. 病原。蜜蜂黄曲霉病是由黄曲霉菌引起的一类真菌病害,该菌属半知菌亚门。目前主要分布于欧洲、北美、委内瑞拉、中国,现仅发生于西方蜜蜂。黄曲霉菌在自然界分布很广,生命力很强,在人工培养条件下,经过10—14天,菌落直径可达6—7 cm。分生孢子梗长0.4—0.7 mm,直径10 μm,有时有分隔,顶囊圆球形或棒形,直径30—40 μm,小梗单层或双层,不分枝,长20 μm,直径6 μm。

2.流行病学。高温、潮湿是导致蜜蜂黄曲霉病发生的主要因素,因此,该病多发生于夏、秋多雨季节。蜜蜂黄曲霉病主要通过落入蜂蜜或花粉中的黄曲霉孢子而传播。黄曲霉菌一般不会引起健康蜂群发病,只有当某些原因造成蜂群抵抗力降低时才会感染此病。黄曲霉孢子在空气中到处飞扬,污染饲料等,贮藏的饲料、食品的湿度高于15%,是孢子萌发的最适条件。黄曲霉菌的孢子能在蜜蜂幼虫的表皮萌生,长出的菌丝体穿透到皮下组织中去,并产生气生菌丝和分生孢子,引起幼虫死亡。除此之外,孢子落入蜂蜜和花粉中被蜜蜂吞食后,在蜜蜂的消化道萌发,形成菌丝,穿透肠壁,破坏组织引起蜜蜂死亡。

3.症状。蜜蜂黄曲霉病是由黄曲霉菌引起的蜜蜂传染病,该病不仅造成幼虫死亡,还可使蛹和成蜂染病,最常见的是幼虫和蛹发病。其典型的症状为硬石状,因此,也称为结石病或石蜂子。该病菌感染蜜蜂成蜂后,不易被察觉,而且大部分感染的为青壮年蜂,在外出采集过程就已死亡或迷巢不能回来,因此,在巢外不易发现病蜂。成蜂感染该病初期,最显著的症状是,工蜂不正常地骚动、瘫痪,腹部通常肿大,病蜂无力,孢子在头部附近形成最早最多,继而呈现不安和虚弱,行动迟缓,失去飞行能力,多爬出巢门而死去。蜜蜂死亡后身体变硬,在潮湿条件下,可见腹节处穿出菌丝。死蜂腹部常表现与幼虫整个体躯相似的干硬,死蜂不腐烂,而感染该菌的幼虫和蛹死亡后最初呈苍白色,后变成淡褐色或黄绿色,以后逐渐变硬,僵硬如石,形成一块坚硬的石子状物,表面长满菌丝和黄绿色的孢子,充满整个巢房或巢房的一半,若轻微震动,就会四处飞散。气生菌丝会将虫尸与巢房壁紧连在一起。患黄曲霉病的幼虫可能是封盖的,也可能是未封盖的,病原菌有时也会侵染蛹。

4.诊断。当可疑蜂群患黄曲霉病时,可挑取少许枯虫尸的表层物,置于载玻片上,再加一滴蒸馏水,放在显微镜下进行检查,根据上述病菌的形态结合实图进行鉴定。但在诊断时,有时易与白垩病相混淆。其不同之处在于黄曲霉病能够使幼虫、蛹和成蜂均发病,而白垩病只引起幼虫发病。

5.防治措施。

(1)蜂群预防注意通风降湿,以含水量22%以下的蜂蜜为饲料,并注意药物预防和及早控制其他病害。春季做好保温,增强蜂群本身的抗病能力。

(2)已发病的蜂群主要防治措施。

①要及时更换被污染的蜂箱、巢脾等,换新王,放新脾。

②可考虑把发病严重的病脾包括蜜脾和粉脾烧毁。

③可用0.1%的灰黄霉素加入糖浆饲喂蜜蜂或喷治病脾2—3次,或者加入花粉中进行饲喂,连续饲喂或喷治一周。

④用过的巢脾(花粉脾或蜜脾)要及时消毒,有死幼虫的病脾要化蜡处理,粉、蜜脾要用二氧化硫熏蒸处理。

⑤感染较轻的蜂群也可采用中药进行防治,其药方为:鱼腥草15 g、蒲公英15 g、筋骨草5 g、山海螺8 g、桔梗5 g,加水煎汁,配制成糖浆,可喂1群蜂(8框左右)。隔日1次,连喂5次。

注意:在做换箱、换脾,消毒蜂箱时,操作者要戴眼镜、口罩,防止黄曲霉菌吸入鼻腔或污染眼睛和口腔黏膜,已证明黄曲霉菌能在人的鼻腔内生长。从黄曲霉菌病的蜂群取得的蜂产品,人和其他动物均不能食用。

### (二)蜜蜂白垩病

蜜蜂白垩病又称"石灰子病",是侵染蜜蜂幼虫的一种顽固性传染病。是我国西方蜜蜂中一种主要的幼虫病。虽然该病不会造成蜂群全群覆灭,但可造成幼虫大量死亡使群势下降,影响蜂群的发展和蜂产品的产量。

1.病原。蜜蜂白垩病的病原为蜂球囊菌,属真菌子囊菌纲。蜂球囊菌可形成充满孢囊孢子的孢囊,这种孢囊孢子生命力极强,在干燥状态下可存活15年以上。

2.流行病学。白垩病主要的传染源包括:病虫尸体,带有病菌的成年蜜蜂,曾有患病且未经严格消毒的巢脾,混有病原且未经消毒的花粉。此外,蜂螨也可成为病原的传播者。该病的发生与流行主要和天气情况有关,多雨潮湿、温度波动频繁都会导致病害的发生,因此,一般春末夏初白垩病较易发生。

花粉缺乏,贮蜜的含水量过高均可加重病情的发生与流行。一般来说,发病首先发生于子脾的边缘和雄蜂幼虫,然后逐渐向中心扩展。主要原因还是子脾边缘温度变化较大和幼虫抗病性差。

3.症状。发病初期,被侵染的幼虫体色不变,为无头白色幼虫。发病中期,幼虫身体柔软膨胀,体表开始长满白色的菌丝。发病后期,病虫尸体逐渐失水萎缩变硬,最终成为白色或黑色石灰状硬块。

4.诊断。

(1)染病的蜂群巢门前及蜂箱底部均可见工蜂拖出的石灰状幼虫尸体。

(2)挑取一点这种石灰状幼虫尸体的表层物涂于载玻片上,加一滴生理盐水,在低倍显微镜下可见大量白色菌丝及球形孢囊和散出的椭圆形孢囊孢子

5.防治措施。

(1)加强饲养管理。

①蜂场应选择地势高、光照充足、干燥通风的地方。

②要保持蜂箱通风干燥,适时晒箱以降低蜂箱内的湿度。

③饲养强群,合并弱群,做到蜂多于脾,以维持蜂群内正常的巢温和清巢能力。

④定期更换蜂箱及巢脾并对其消毒,以消除传染源,老脾应尽量淘汰化蜡。

⑤春繁期应选用优质的饲料,避免使用陈旧霉变的花粉或来路不明的饲料。

⑥选用抗病蜂种,提高蜂群抗病性。如今已有商品化的抗白垩病蜂王,可有针对性的购买。

⑦及时治螨,以减少病原的传播。

⑧要适时对蜂场、蜂具及饲料等进行全面彻底的消毒,尤其在越冬前和春繁期,以彻底消灭残存的病源。

(2)药物防治。

①杀白灵,由中国农业科学院蜜蜂研究所研制,专用于蜜蜂白垩病的预防与治疗。具体使用方法见使用说明。

②制霉菌素,每群蜂用药5万国际单位,溶于1 kg糖水中,喷喂结合,每隔1天喷喂一次,4次为一个疗程。

③大黄苏打片5片,溶于2 kg糖水中,饲喂,每群蜂100 g,每天1次,7天为一个疗程。

④金银花、红花、黄连、大青叶、苦参各15 g,大黄、甘草各10 g,煎成药汁,加入0.5 kg糖水,饲喂,可用于10个群蜂,每天1次,3—5天为一个疗程。

⑤应用蜂胶也有一定的疗效,将10 g蜂胶浸泡于40 mL 95%的酒精中,6天后过滤去渣,再加入100 mL 50 ℃的热水中,

过滤,将巢脾脱蜂后喷脾,每脾50 mL,每天1次,7次为一个疗程。

特别注意:由于任何药物的使用都会造成蜂巢中蜂产品的残留污染,影响蜂产品的品质,因此在生产季节严禁用药,如必须用药,则用药蜂群的蜂产品不得用作商品,只可用于蜂群饲料。一般停药期控制在生产期前1个月。

## 五、常见蜜蜂寄生虫病及防治

### (一)蜜蜂孢子虫病

蜜蜂孢子虫病也叫微粒子病,是由一种很小的原生动物——蜜蜂孢子虫,寄生在蜜蜂中肠上皮细胞所引起的蜜蜂成虫的一种寄生虫病。蜜蜂孢子虫病在世界各养蜂发达国家都有发生,以欧美国家发生最为严重。国内流行亦较严重,以东北等地较为普遍。

1.病原。蜜蜂孢子虫在蜜蜂中肠上皮细胞内寄生并形成危害,其在蜜蜂体外只能以孢子的形态存活。孢子虫呈椭圆形,具有无结构的外壳,有较强的蓝色折光性。长4.4—6.6 $\mu m$,平均5.4 $\mu m$;宽2.0—3.3 $\mu m$,平均2.7 $\mu m$。孢子内部为双核细胞、双液泡。外壳前端有孔隙-胚孔,其中伸出极丝,极丝长度为230—400 $\mu m$。

孢子虫最适宜的生长温度是30—32 ℃,高于36 ℃或低于12 ℃时,孢子停止发育。孢子虫停止发育则患病蜜蜂恢复健康。孢子在干燥的蜂粪便中能存活2年,在蜂尸中可存活5年,蜂蜜中可存活11个月,在水中可存活113天,在巢脾上,存活时间3个月至2年。

2.流行病学。蜜蜂孢子虫病仅危害蜜蜂成蜂,对幼虫和蛹都不致病。患病蜜蜂是此病传播的根源。病蜂体内孢子虫随粪便排出体外、污染巢脾、蜂蜜、蜂箱、蜂具、场地、水池等；当健康蜜蜂在吸取蜂蜜等食料，或健康蜜蜂与病蜜蜂互相喂食时，孢子虫的孢子通过健康蜂的口器进入中肠，形成孢子虫。孢子虫在中肠上皮细胞内进行繁殖，经几个发育阶段又形成很多孢子，孢子随粪便排出体外，并继续传播蔓延。

蜂群间的传播，通常由迷巢蜂和盗蜂引起。将病群的蜂合并到健康群，或用病群中的饲料喂健康蜂，或将病群用过的巢脾蜂箱等未消毒就给健康群使用，这些都能造成蜜蜂孢子虫病在蜂群间的传播。

蜜蜂孢子虫病虽一年四季都可发生，但以早春最为多发，晚秋次之，夏季和秋季则发病较少。

3.症状。患孢子虫病的蜜蜂初期症状不明显，但在后期，蜜蜂孢子虫经口器进入中肠上皮细胞，由于寄生的孢子虫破坏了中肠的消化作用，使病蜂得不到必需的营养物质，会出现衰弱、萎靡不振、翅膀发颤、腹部膨大、飞翔无力等表现，病蜂常从巢脾上掉落下来，下痢症状明显，病蜂不断从巢门爬出，最后死亡。工蜂、母蜂和雄蜂都能感染蜜蜂孢子虫病，引起机体功能衰弱，采蜜能力降低，寿命缩短，母蜂感染后寿命只能维持2—4个月。患病工蜂中肠变成灰白色，失去弹性，环纹模糊不清，无一定形状；而健康工蜂中肠有光泽，呈浅红色或棕色。

孢子虫在中肠上皮细胞繁殖，吸取营养，引起中肠上皮细胞脱落死亡，消化及营养吸收功能下降，严重下痢。病理变化集中于中肠，外观可见中肠浮肿，松弛，失去弹性，呈灰白色或乳白色。

4.诊断。

（1）根据流行病学、临床症状及病理症状可做出初步诊断。患有蜜蜂孢子虫病的蜜蜂中肠病理变化比较明显，同健康蜜蜂相比,若病蜂中肠膨大、呈乳白色,环纹不清,失去弹性和光泽,即可初步确定为蜜蜂孢子虫病。

(2)取中肠组织制作病理切片,经苏木精-伊红染色检查,显微镜下可见中肠上皮细胞被严重破坏,细胞内充满孢子。

(3)将病蜂在研钵中加蒸馏水研碎,制成玻片,在400—600倍显微镜下观察,若发现有椭圆形、带有折光性的米粒状孢子,即可确诊为蜜蜂孢子虫病。

5.防治措施。

(1)加强饲料管理。越冬前要贮存优质的蜂蜜作为越冬饲料,防止越冬期使用甘露蜜、结晶蜜、发酵蜜,不给蜂群造成因饲料变质而引起越冬下痢的机会;选育比较抗病的品种,增强免疫能力;注意防止盗蜂和迷巢蜂,减少传染机会。

(2)药物治疗。

①饲喂依米丁。每千克糖浆中加入依米丁0.01—0.03 g,每群每次喂药饲料0.3—0.5 kg,连续3—4次。依米丁对蜜蜂有毒性,要注意掌握药量。

②饲喂灭敌灵。每千克糖浆中加入灭敌灵片2—3片,每群每次喂药饲料0.3—0.5 kg,每隔1天喂1次。

(3)采用物理方法。根据孢子虫在酸性环境中会受到抑制的特性,在春繁时可以在饲料中选择加入柠檬酸、米醋等,对春季孢子虫病的发生能起到一定预防作用。

(4)加强消毒。对严重病群巢脾、蜂箱进行全面消毒,并更换巢中全部饲料蜜,同时要全面更换病群的蜂王。孢子致死条件是:蜂蜜中为60 ℃,15 min;水中58 ℃,10 min;100 ℃以上水蒸气中1 min即可杀死孢子;25 ℃条件下,4%甲醛溶液或50 mL/m$^2$甲醛溶液蒸汽1 h,10%漂白粉10—12 h能杀死孢子;

37 ℃条件下,2%的NaOH 15 min能杀死孢子;直射阳光在15—32 h内可杀死孢子。

消毒方法:①运用汽油或酒精喷灯灼烧蜂箱各部位,对于箱角和缝隙处作重点消毒;②按38%的甲醛1份,加热水0.5份,高锰酸钾1份,使之产生蒸汽,通常每个箱体配备甲醛10 mL,用胶条密封24 h以上,以杀死孢子虫孢子;③每个箱体用98%的冰醋酸80—85 mL,滴在草纸或棉花上,置于上层继箱的巢脾框梁上,密闭熏蒸48 h即可消毒。

(二)大蜂螨

大蜂螨,又称狄斯瓦螨、亚洲螨、大螨,是西方蜜蜂的主要寄生性敌害,目前除大洋洲尚未报道过大蜂螨危害以外,亚洲、非洲、欧洲、美洲地区都有发生。

1.病原。大蜂螨有卵、若螨、成螨3个发育阶段。卵期20—24 h,前期若螨54—58 h,后期若螨82—86 h,雌螨的发育历期为7天,雄螨的发育历期为6.5天。

(1)卵:乳白色,卵圆形,长0.60 mm,宽0.43 mm。卵膜薄而透明,产下时已发育,可见4对肢芽,形如紧握的拳头。

(2)若螨:分为前期若螨和后期若螨。前期若螨近圆形,乳白色,体表着生稀疏的刚毛,具有4对粗壮的附肢。体形随时间的延长而由近圆形变为卵圆形;大小也由体长0.63 mm、宽0.49 mm,增至体长0.74 mm、宽0.69 mm。后期若螨体呈心脏形,长0.87 mm、宽1.00 mm。随着横向生长的加速,体形由心脏形变为横椭圆形,体背出现褐色斑纹,增至体长1.09 mm、宽1.38 mm。腹面骨板已形成,但尚未骨化。

(3)成螨:雌成螨呈横椭圆形,棕褐色,长1.11—1.17 mm、宽1.60—1.77 mm。成螨寿命因性别不同差异较大。雄成螨寿命很短，只有0.5天左右，它在巢房内与雌螨交配后很快就会死去。因而在巢脾和蜂体上很难找到雄成螨。雌成螨的寿命较长，且受季节影响较大。春夏繁殖期，雌螨寿命平均为43.5天，最长可达2个月；在冬季越冬期，雌螨靠自身贮存的营养和吮吸少量蜜蜂的血淋巴在越冬蜂团上生活，寿命可达6个月以上。

大蜂螨的生活史归纳起来可分为2个时期，一个是体外寄生期，一个是蜂房内的繁殖期。大蜂螨完成1个世代必须借助于蜜蜂的封盖子来完成。因此大蜂螨在我国不同地区的发生代数有很大差异。对于常年转地饲养和终年无断子期的蜂群，蜂螨整年均可危害蜜蜂。北方地区的蜂群，冬季有长达几个月的自然断子期，蜂螨就寄生在工蜂和雄蜂的胸部背板绒毛间，翅基下和腹部节间膜处，与蜂群一起越冬。

越冬雌成螨在第二年春季外界温度开始上升，蜂王开始产卵育子时，从越冬蜂体上转移，进入幼虫房，开始越冬代螨的危害。以后随着蜂群发展，子脾的增多，螨的寄生率迅速上升。

2.流行病学。蜂场内蜂群间的传播，主要通过带螨蜂和健康蜂的相互接触。盗蜂和迷巢蜂是主要传播者。其次，病群、健康群的子脾互调和子脾混用等不当操作也可造成场内螨害的迅速蔓延。另外，采蜜时有螨工蜂与无螨工蜂通过花也可造成蜂群间的相互传染。

大蜂螨的跨国传播由蜜蜂的进出口贸易造成，不同地区螨类的传播是由蜂群频繁转地造成的。

3.症状。病蜂的主要症状有：被寄生的成年蜂，体质衰弱，烦躁不安，体重减轻，寿命缩短。幼虫受害后，发育不正常，出房的蜜蜂畸形，翅残，失去飞翔能力，四处乱爬。受害蜂群，哺育力和采集力下降，成年蜂日益减少，群势迅速下降，甚至全群死亡。

4.诊断。

(1)症状检查。根据巢门前死蜂情况和巢脾上幼虫及蜂蛹死亡状态判断。若在巢门前发现许多翅、足残缺的幼蜂爬行,并有死蜂蛹被工蜂拖出等情况,在巢脾上出现死亡变黑的幼虫和蜂蛹,并在蛹体上见到大蜂螨附着,即可确定为大蜂螨危害。

(2)蜂螨检查。从蜂群中提取带蜂子脾,随机抓取50—100只工蜂,检查其胸部和腹部节间处是否有蜂螨寄生,根据蜂螨数与检查的蜂数的比值,计算寄生率。用镊子挑开50个封盖巢房,用放大镜仔细检查蜂体上及巢房内是否有蜂螨,根据检查的蜂数和蜂螨的数量,计算寄生率。春季或秋季蜂群内有雄蜂时期,检查封盖的雄蜂房,计算蜂螨的寄生率,也可作为适时防治的指标。

5.防治措施。通常采取化学防治、物理防治、综合防治等措施。每年用药1—3次,大流蜜期前蜂螨寄生率不超过5%,在生产期之前1个月停止用药。

(1)化学防治:使用化学药物杀螨,要求药物对蜂螨毒力强,伤蜂轻;对蜂产品污染小,对人无毒、无致畸致癌作用。目前,国外只有极少的杀螨药物获准在蜂群中使用,如氟胺氰菊酯、蝇毒磷等。

①氟胺氰菊酯条:又称马扑立克,国内俗称螨扑,为拟除虫菊酯类杀虫剂,有胃毒、触杀作用,残效期长。由国外进口原药,使药物依附于板条后,将板条挂于蜂路间,巢箱对角放置2片,1周后继箱加1片。当蜜蜂爬过时触杀其体上的蜂螨。可用2周以上。由于杀螨力持久,又省工省力,目前已成为国内主要的杀螨用药。该药在采蜜期禁用。

②蝇毒磷:为有机磷杀虫剂,对双翅目昆虫有显著的毒杀作用,残效期长,对蜂安全,作喷雾剂使用。国外进口药。

③甲酸溶液:为熏蒸性药物。先将甲酸与乙醇按7:3的比例混合,将封盖子脾脱蜂后置于箱中,每箱体7—8框,用培养皿等大口容器盛10 mL药液,在22 ℃的气温下密闭5—6 h。这种方法应与杀螨剂喷雾防治蜂体上的成年蜂螨相结合,可收到事半功倍的效果。甲酸有腐蚀性,不可接触皮肤,使用时应注意人身防护。

④硫黄:硫黄燃烧能产生二氧化硫气体,透过封盖杀死封盖子房内的螨。特别是繁殖期螨害严重的时候,子脾内存有大量的螨,用硫黄熏脾治螨,可以保住子脾。

具体做法:将封盖子脾集中于空箱中,4—5个箱一叠,用报纸糊严箱外缝隙,巢箱不放巢脾。在巢箱底放一块15 cm大小的瓦片,上面加上一折成波浪形的铁纱网,在网上放一棉花块,硫黄粉撒在棉花上,熏脾时点燃棉花四周,使硫黄燃烧成烟。要特别注意的是,过量的二氧化硫对蜜蜂子脾有伤害,因此,要严格控制硫黄用量及熏烟时间,一次投入硫黄粉不能超过25 g,封盖子脾熏烟不超过5 min,卵脾、虫脾熏烟不超过1 min,达到保住80%—90%的蜜蜂封盖子、卵、虫,消灭封盖子房内的大蜂螨50%左右和小蜂螨全部死亡的效果,然后再结合其他药物消灭寄生在成年蜂体上的大、小成螨。

⑤双甲脒:每群1条,悬挂于蜂群空隙处,点燃密闭熏烟15 min,1周1次,3周为1个疗程。该药休药期为7天以上。

(2)综合防治:当蜂群内无封盖子时,蜂螨只能在成年蜂体上寄生。利用此特点,抓住群内无封盖子的时机或人为创造无子蜂群进行药物治螨,可达到事半功倍的效果。

①断子治螨:在蜂群越冬或越夏前自然断子,或采用人工扣王断子的方法,使群内无封盖子和大幼虫,蜂螨无处藏身,完全暴露,选择杀螨剂连治3次,可取得良好的治螨效果。

②繁殖期分巢治螨：当蜂群繁殖期出现螨害，可将蜂群的蛹脾和大幼虫脾带蜂提出，组成无王群。蜂王、卵脾和小幼虫脾留在原箱，蜂群安定后，用药治疗。无王群可诱入王台，先用药物治疗1—2次，待新蜂全部出房后，再继续用药治疗1—2次，可达到治螨的目的。

③切除雄蜂封盖子：利用蜂螨喜欢在雄蜂封盖子中寄生的特点，当蜂群内出现成片的雄蜂封盖子时，连续不断地切除雄蜂封盖子。也可以从无螨群调进雄蜂幼虫脾，诱引大蜂螨到雄蜂房内繁殖。通过不断地切除雄蜂封盖子，同时配合药物治疗，可以有效减轻螨害。

④毁弃子脾：对螨害严重的蜂群，多数蜂蛹不能羽化，出房的亦残翅无用。可集中所有封盖子脾烧毁，再对原群进行药物治疗，并补充无螨老熟子脾，可以恢复蜂群生产力。

除此之外，它还是多种病原体的携带和传播者。已知其体内可携带的病原体有：急性麻痹病病毒、蜜蜂克什米尔病毒、残翅病毒、慢性麻痹病病毒、云翅粒子病毒、蜂房哈夫尼菌。体表可携带的有：蜜蜂球囊霉、曲霉、孢子虫。当以上某种病害和螨同时发生在蜂群中时，螨就可以通过吸食和活动在群内甚至群间传播病害。因此，在治疗以上病害的同时，要彻底治螨。

(三)小蜂螨

小蜂螨属寄螨目，厉螨科，热厉螨属，俗称小螨。小蜂螨分布范围比大蜂螨小，但目前也已遍及全国有蜂群地区。小蜂螨的寄主广泛，它可在东方蜜蜂、西方蜜蜂、大蜜蜂、黑色大蜜蜂和小蜜蜂上寄生。

小蜂螨常与大蜂螨一起共同危害西方蜜蜂蜂群。大蜂螨的种群密度高会抑制小蜂螨的危害和降低其种群密度，所以在大蜂螨发病率低的蜂群更应关注小蜂螨的发生。

1.病原。

(1)卵:近圆形,腹部膨大,中间稍下凹,形似紧握的拳头,卵膜透明,长0.66 mm、宽0.54 mm。经15—30 min孵化为幼虫。

(2)幼螨:破壳而出的幼螨为椭圆形,体白色,3对足,体长0.6 mm、宽0.38 mm。经20—24 h后伸出第四对足,进入若螨期。

(3)若螨:若螨分为前期若螨和后期若螨。前期若螨呈椭圆形,乳白色,长0.54 mm、宽0.38 mm,体背有细小的刚毛,螯肢也逐渐形成,经44—48 h进入后期若螨。后期若螨为卵圆形,长0.90 mm、宽0.61 mm,经48—52 h进入成螨期。

(4)成螨:雌螨呈长椭圆形,浅褐色,前端略尖,后端钝圆,体长0.97 mm、宽0.49 mm。螯肢钳状,具小齿,钳齿毛短小,呈针状。背板覆盖整个背面,其上密布光滑刚毛。胸板马蹄形;生殖腹板棒状,前端紧接胸板,后端紧接肛板,长596.7 μm、宽117.5 μm;肛板前缘钝圆,后端平直,长230 μm、宽150 μm,具刚毛3根。气门沟前伸至基节Ⅰ、Ⅱ之间,气门板向后延伸至基节后缘,足4对。雄螨呈卵圆形,淡棕色,体长0.92 mm、宽0.49 mm。螯钳具齿,导精趾狭长,卷曲。须肢叉毛不分叉,背板与雌螨相似。胸板、生殖腹板与足内板合并成全腹板,与肛板分离。肛板卵圆形,前端窄,后端宽圆,具3根刚毛。

小蜂螨主要寄生在子脾上,靠吸食幼虫和蛹的血淋巴生活,很少吮吸成蜂的血淋巴,当一只幼虫或蛹被寄生死亡后,雌螨就从封盖房的穿孔中爬出,重新潜入其他幼虫房内繁殖。小蜂螨整个生活史几乎都在封盖房内完成,在蜂体上只能存活2天。在南方蜂群终年不断子的地区,小蜂螨伴随子脾终年危害。北方地区,当蜂群停卵进入越冬阶段,小蜂螨转移到成年蜂体上越冬。雌成螨选择即将封盖的6日龄幼虫为寄生对象。幼虫封盖后1天,雌螨开始产卵。每只雌螨可产卵4粒,隔天1

粒,产卵持续4天。小蜂螨对光敏感,当巢脾对着光线时,它会从巢房中爬出来,在巢房间迅速爬动。

2.流行病学。小蜂螨主要寄生在老熟幼虫房和蛹房中,很少在蜂体上寄生。靠吸食幼虫和蛹的血淋巴生存,造成大批量幼虫和蛹死亡或腐烂。个别出房的幼蜂翅残缺不全,体弱无力。封盖子房盖有时会出现小穿孔。小蜂螨繁殖速度比大蜂螨快,造成烂子也比大蜂螨严重,若防治不及时,极易造成全群烂子覆灭。

小蜂螨在蜂群间的传播主要因饲养管理不当造成,如病群与健康蜂群的合并、子脾互调,蜂具混用,以及盗蜂和迷巢蜂的活动。蜂场间的螨害传播可能是蜂场间距离过近,蜜蜂相互接触引起的,也可能是购买有螨害的蜂群造成的。温度对螨的影响很大。成螨在9.8 ℃、12.7 ℃、31.9 ℃、34.5 ℃和36.3 ℃条件下,存活天数分别为1.9天、3.7天、8.4天、9.6天和6.8天。小蜂螨生活最适的温度与蜜蜂子脾大体一致,绝大多数小蜂螨离开子脾后存活时间不超过2天,少数可寄生于成年蜂体表越冬。每年春季,由于蜂群群势处于上升阶段,群势不强,很少能查到小蜂螨。到了7月中旬以后,小蜂螨寄生率直线上升,至9月中旬达到最高峰。11月上旬以后,蜂群又基本查不到小蜂螨,越冬期蜂群内极难查到小蜂螨。小蜂螨的寄生多发生在弱群、病群以及无王群。

3.症状。在感染西方蜜蜂时,小蜂螨以吸食封盖幼虫、蛹的血淋巴为生,常导致大量幼虫变形或死亡,勉强羽化的成蜂通常表现出体型和生理上的损害,包括寿命缩短、体重减轻,以及体型畸形,如腹部扭曲变形、残翅、畸形足或没有足。当蜂群快崩溃的时候,在巢门口经常会看到严重感染的幼虫、蛹和大量爬蜂。严重感染的蜂群,由于大量幼虫和蛹的死亡还常发出腐臭味,在这种情况下,蜂群往往选择举群迁逃,这又反过来加速了小蜂螨的传播。研究表明,无王群比有王群感染更严重。

4.诊断。开箱后检查封盖子脾,观察封盖是否整齐,房盖是否出现穿孔,幼蜂是否死亡或畸形,工蜂有无残翅以及巢门口的爬蜂情况。最典型的症状是,当用力敲打巢脾框梁时,巢脾上会出现赤褐色、长椭圆状并且沿着巢脾面爬得很快的螨,这些都是小蜂螨感染的特征。小蜂螨体型长大于宽,行动敏捷,在巢脾上快速爬行,容易被人看到,因此诊断比大蜂螨更容易。另一种简易的检查办法是箱底检查,在箱底放一白色的黏性板,可以用广告牌、厚纸板或其他白色硬板来制作,外面可以涂上一层凡士林或其他黏性物质,或者用带黏性的纸,几天后检查纸板,观察有无小蜂螨。

5.防治措施。防治大蜂螨的方法也适用于小蜂螨。

(1)药物防治:见大蜂螨药物防治。

(2)两种杀螨剂联合使用。在蜂群内通常大蜂螨和小蜂螨共同发生,为了提高防治效果,可将两种杀螨剂联合使用,悬挂螨扑高效杀螨片于蜂群内用以杀灭蜂体上和巢脾上的大蜂螨和小蜂螨,但不能杀灭封盖巢房内的螨,为了弥补这一不足,可结合使用升华硫涂抹封盖子脾,也可结合使用敌螨一号或速杀螨,可收到彻底防治的效果。

(3)蜂群内断子防治法。根据小蜂螨在蜂体上仅能存活1—2天,不能吸食成蜂体血淋巴,而在蛹体上最多也只能活10天的生物学特性,采用割断蜂群内幼虫的方法防治小蜂螨。即采取幽闭蜂王9天,打开封盖幼虫房并将幼虫从巢脾内全部摇出,即可达到防治小蜂螨的目的。

## 六、蜂常见敌害及防治

### (一)巢虫

巢虫是蜡螟的幼虫,常见的有成虫和幼虫2种。成巢虫体长3 cm左右,幼巢虫2 cm左右。巢虫繁殖快,卵和幼虫的生活力很强,危害性极大。

1.危害。主要危害弱蜂群,并在巢房底部吐丝作茧,在巢脾中打隧道蛀坏巢脾和在巢脾上蛀食蜡质,并伤害蜜蜂幼虫和蜂蛹。被害蜂群轻则出现秋衰,影响蜂蜜的产量和质量,重则可致蜜蜂弃巢逃走,造成损失。故在蜂群度夏期间,务必做好对巢虫的预防和杀灭工作。

巢虫是中蜂的主要敌害,它以蜡屑为食,并钻入巢房底部蛀食巢脾,逐步向房壁钻孔吐丝,使蜜蜂幼虫到蛹期不能封盖或封盖后被蛀毁产生"白头蛹",常造成蜂群逃亡或大批封盖蛹的死亡。因此掌握防治巢虫技术,对中蜂生产具有重要的意义。

2.防治措施。在日常的饲养管理中,养蜂者应根据巢虫的生物学特性采取合理的饲养管理方法,及时消除巢虫的生存空间、切断巢虫繁殖的路径等,做到防、治结合,从而更加有效地控制巢虫对蜂群造成的危害。具体做法如下:

(1)加强管理。

①饲养强群。强群对巢虫有较强的抵抗能力。饲养强群的基本方法是随时保持巢脾上有充足的蜜和粉,蜂群内分工合理,同时必须保证蜂多于脾或蜂脾相称。这样,即使蜂群遭受巢虫危害,由于其群势强壮,子脾面积大,受巢虫危害的面积相对小些,损失不明显,从而不会影响到正常的养蜂生产。

②选用优质蜂王。中蜂一般一年换两次王。大多数蜂场

自己育王,多年保持自繁自养的状态,致使本场内种性退化,蜂王维持群势能力、产卵力以及蜂群抵抗病敌害的能力下降。因此,有条件的蜂场,一般两年引进一只优质的种王,以增强蜂场内的遗传优势,提高蜂群抵抗病虫害的能力。

③消除巢虫的生存空间,切断其繁殖路径狠治巢虫。

第一,及时更换新脾,淘汰旧脾,可以有效地消除巢虫的生存空间。中蜂具有喜新脾、厌旧脾的特点,蜂王优先在新脾上产卵;巢脾过旧,工蜂就会将黑旧的巢脾咬掉。工蜂咬脾,蜡屑在箱底堆积,给巢虫提供了有利的生存空间。因此,在蜂场日常管理中,应经常清扫蜂箱底部,收集蜡渣、赘脾、老巢脾,并及时化蜡。

第二,及时杀死蜂具(蜂箱、巢脾)中的巢虫卵和幼虫。用酒精喷灯烘烤蜂箱,将隐匿在蜂箱缝隙的巢虫卵和幼虫彻底消灭。同时,将抽出的可用巢脾放入-7℃以下的冷库中(北方一般在冬季的夜晚,将巢脾搬出室外冷冻一夜即可)冷冻5—7 h也能达到杀灭隐藏在其中的幼虫和卵。此外,中蜂生产的巢蜜中常隐藏有巢虫卵和幼虫,采用冷冻方法杀灭能取得较好的效果。

第三,及时消灭巢虫的成虫——蜡螟,也能防止巢虫滋生。巢虫一般在夏秋两季较多。蜡螟多在夜间从蜂箱缝隙及巢门钻入蜂箱,在蜡渣上产卵。①修补破旧的蜂箱,堵塞蜂箱缝隙,傍晚用稻草将巢门遮掩或关闭巢门,防止蜡螟夜间爬入箱内;②养蜂人员应经常用蝇拍拍打蜡螟;③利用蜡螟的趋光性,天黑后,在放置蜂具的屋子里,用手电筒照亮墙壁的一角吸引蜡螟,发现一只打死一只;④将糖蜡浆(糖:纯蜂蜡=1:1)放在蜂场里,引诱蜡螟前来吸食,使其溺死其中,也可以杀灭部分蜡螟减少巢虫数量,但白天必须收回,避免工蜂前来采食,引起盗蜂。

第四,仔细查找巢脾上的巢虫,将其杀死。被侵害的巢脾,查出隧道后,用镊子取出巢虫并杀死;或者将巢脾放在凉水中浸泡,也能杀死巢虫;对于那些还没蛀出隧道,生活在粉脾上的小巢虫,可将蜂抖落掉,将巢脾放在阳光下,巢虫一见光,马上会爬到脾面上,用镊子取出杀死。上述方法,虽然可以彻底杀死巢虫,但应注意防止蜂王丢失。

(2)药物防治。

①熏蒸法。对抽出的多余巢脾及换下的蜂箱,应及时保存并做熏蒸处理。方法一,每箱用5—10 g的二氧化硫燃烧产生的烟雾,对蜂箱、空脾密闭熏蒸30 h;方法二,用90%的冰乙酸(冰醋酸)或96%的甲醛蒸汽熏蒸巢脾及蜂箱30 h,能够有效地杀死缝隙中的越冬幼虫和病菌。

②浸泡法。蜂箱及空巢脾用5%的石灰水或1%的烧碱溶液浸泡30 h,然后洗清后晾干,可以消除隐藏在其中的越冬巢虫。

③中草药防治巢虫。方法一,将百部20 g浸入到500 mL 60%以上的白酒中,放置7天。用洁净的水将浸出液稀释1倍喷蜂及巢脾,以有薄雾为度,3天一次,3—4次为佳。方法二,每箱放10粒左右的八角果,也可起到防巢虫滋生的作用。但八角果的气味容易消失,应经常更换。

④对严重遭受巢虫危害的蜂群,可用专杀巢虫的药物——巢虫净,消灭巢虫。取5 g巢虫净,加水至1500 mL,喷洒巢脾,晾干后保存。若在流蜜期,可取出巢脾后抖落蜜蜂再喷药,晾干后放回蜂箱。

(3)生物防治。

①苏云金杆菌的伴孢晶体,在被巢虫食入后,就会释放出有毒物质将其杀死,而对蜜蜂无害。印度科学家用0.14%的苏云金杆菌乳剂喷脾,蜡螟吃后的第5天的死亡率达90%,为了达到长期的防治效果,可以把苏云金杆菌的芽孢杆菌压入巢础内,巢虫上脾危害时即被毒死。

②利用寄生蜂防治,当今已发现蜡螟绒茧蜂寄生在蜡螟体上,把卵产在蜡螟幼虫体内,靠吸食蜡螟体液生活,使幼虫死亡。在巢虫危害盛期到来之前,把培养的寄生蜂放入蜂箱内,让其寄生、产卵、繁殖,吸食蜡螟幼虫体液至死,达到防治的目的。

(二)胡蜂

胡蜂是秋季山区蜜蜂的主要天敌之一,胡蜂是抹杀蜜蜂、盗食蜂蜜的膜翅目昆虫,为夏秋季山区蜂场的主要敌害。中国常见的胡蜂有115种,危害养蜂业的主要有金环胡蜂,又名大胡蜂、黄边胡蜂、黑盾胡蜂和基胡蜂等。常见的金环胡蜂体长约40 mm,黄边胡蜂体长22—30 mm。大部分营社会性群居生活,每群有母蜂、工蜂和雄蜂。初冬最后一代母蜂交配受精后,潜伏于隐蔽处越冬。第2年春季母蜂开始觅食,营巢、产卵。胡蜂多营巢于树枝、树洞和屋檐下。母蜂可活1年以上。雄蜂多在当年最后一代出现,雄蜂与新母蜂交配后很快死亡。

对养蜂生产有影响的几种胡蜂都是营群体生活的社会性昆虫,它们众多的个体生活在一起,共同建造一个庞大的蜂巢,构成了群居生活的社群中心。每年秋末,交尾受精后的雌蜂藏匿于树洞、岩缝等避风雨、向阳的温暖场所结团越冬,其中的强壮者熬过漫漫严冬。翌年春季待天气回暖,雌蜂便开始觅址营巢产卵。

成年胡蜂喜欢甜性食物,尤其喜食蜜源性食物,如瓜果、花蜜、含糖的汁液等。此外,其捕食昆虫后,经过咀嚼成肉泥并混以蜜囊中的蜜汁,用以喂养幼虫。

1.几种胡蜂的形态特征和特性。

(1)大胡蜂。体长30 mm,头部黄色,中胸背板黑色,腹部棕褐色并有黄色环纹。群居,常营巢于树洞内或建筑物下。夏末秋初,常盘旋于蜂场上空或守候在巢门前,捕捉蜜蜂。

(2)蜂狼。蜂狼又叫大头泥蜂。体长15 mm,头大,胸部黑色,腹部鲜黄色。在土洞里营巢,是一种营独栖生活的胡蜂。雄蜂无螫针,不捕食蜜蜂,能采蜜;工蜂具螫针,能采蜜,同时又捕食蜜蜂。它除吸食蜜蜂蜜囊里的蜜汁外,还将蜂尸运回蜂巢饲喂幼虫。1只蜂狼在幼虫发育期,要吃掉4—6只蜜蜂。

(3)墨胸胡蜂。体呈黑褐色。蜂王卵巢管为12—16条,工蜂为10—12条,每天有两次出勤高峰。卵期5天,幼虫期9天,蛹期13天,成蜂寿命可达3个月。在福州地区越冬两个月左右。是福建地区夏季蜜蜂的主要敌害。

(4)黄蜂。全身黄色,头部有黑色斑点,腹部基脚有黑色环带,尾部有螫针。个体较小,行动迅速,性情较凶猛,食量较大,对蜜蜂危害较重。

(5)小胡蜂。全身黑褐色,有细小黄色环带。身体瘦小,体重只相当于大胡蜂的1/4—1/3,行动敏捷,飞行迅速,较大胡蜂数量少,危害也较大胡蜂轻。

2.危害。胡蜂较蜜蜂体大且凶猛,不仅在空中追逐捕食蜜蜂,而且往往守住蜂箱的巢门,在巢门前大批地残杀出巢工蜂,严重时导致巢门口死蜂成堆。有报道称,严重时1只胡蜂1 min内能咬死多达40只蜜蜂。若巢门过大,胡蜂甚至可以攻入蜂巢大肆毁巢食蜜、残杀蜜蜂,导致蜂群被迫迁逃或整巢被毁。中蜂与胡蜂经过长时间的协同进化,对胡蜂抗性较强,如中蜂灵活、飞行速度快,能躲避胡蜂捕杀,而且中蜂敢于群起攻击来犯的胡蜂。但在胡蜂数量多时,也难免不敌,不少中蜂群弃巢飞逃,同样导致蜂场损失惨重。

在胡蜂的干扰下,采集蜂的飞出数量随干扰时间的增加而明显下降。胡蜂来袭时,蜂群处于警戒状态,很少有蜜蜂外出采集,导致群内食物短缺,影响繁殖和生产。

3.防治措施。

(1)敷药法。要根除胡蜂的危害,必须摧毁养蜂场周围的胡蜂巢,但许多胡蜂营巢隐蔽不易发现,或蜂巢高空悬挂,无法举巢歼灭。因此,最好的办法就是在养蜂场上捕擒来犯的胡蜂,给其敷药处理后再纵其归巢,最终达到毁其全巢的目的。其具体方法如下。

①"毁巢灵"人工敷药法,用人工敷药器进行。敷药器由白色透明塑料制成,分成诱入腔、出口通道和驱蜂阀3个部分。通道直径约为蜂体的2倍,但不容胡蜂有钩腹行茧的余地。诱入腔直径30—40 mm,附有诱入腔盖和通道棉塞。在养蜂场网捕到胡蜂后,打开诱入腔盖顺势把网内的胡蜂诱入腔内,覆上腔盖,推动驱蜂阀,当胡蜂进入出口通道时,取出棉塞,胡蜂沿通道伸出头胸部(腹部仍在通道内)时,用左手拇指和食指侧部按住蜂体,右手取棉签或小柴梗蘸"毁巢灵"粉剂少许(约2—3 mg)敷散在胡蜂胸部背板绒毛间,后即松手放蜂,让其归巢,污染全巢。

②"毁巢灵"自动敷药法,同上法网捕到胡蜂后,诱入100—150 mL的广口普通瓶子内,立即罩上瓶盖。因瓶内预置"毁巢灵"粉剂1 g左右,这时瓶内的药物借胡蜂挣脱振翅的气流,自动地均匀地敷散到蜂体各部分,旋即掀盖放蜂归巢,可更快地污

染全巢,达到毁除全巢的目的。敷药后放蜂归巢,蜂场距离胡蜂巢越近,敷药蜂回巢的比例越大,反之越少。在蜂场上网捕到的胡蜂,因不明其胡蜂巢远近,最宜两法兼用,才能保证有一定数量的敷药蜂回巢,确保毁其全巢的防除效果。

(2)毒饵诱杀法。用1%的硫酸亚铊或砷化铅,或有机磷农药拌入水、滑石粉和剁碎的肉团里(1:1:2),盛于盘内,放在蜂场附近诱杀胡蜂。

(3)巢穴毒杀法。对地上筑巢的胡蜂巢穴,在夜间可用棉花沾敌敌畏塞入巢穴,可以毁掉整群胡蜂。

(4)防护法。在蜂巢口安上金属隔王板或金属片,以防胡蜂咬人。

(5)人工扑打法。通过人工用木片或竹片在蜂群巢门口扑打灭除在蜂箱前捕食蜜蜂的胡蜂。

(三)蚂蚁

蚂蚁是潜入蜂箱盗食蜂蜜、花粉,伤害蜜蜂幼虫的一类社会性昆虫。蚂蚁分布广泛,在高温潮湿的森林地带分布最多,已知有5000多种,危害蜜蜂的主要有大黑蚁、棕黄色家蚁等。

形态习性:蚂蚁分雌蚁、雄蚁、工蚁和兵蚁4种。多数种类的蚂蚁在地下、石下、树皮下的空隙作巢;食性杂,有贮粮习性。

1.危害。蚂蚁从蜂箱缝隙或巢门潜入蜂巢,盗食蜂蜜并袭击蜜蜂,弱群受害严重。蚂蚁主要取食蜂群的幼虫、蛹、饲料以及蜂蜜等,可以说危害整个蜂群;有的甚至危害蜂箱木质部分,导致蜂箱损坏;在箱盖与副盖之间作巢栖息,妨碍饲养管理,给蜂群带来很大的危害。

2.防治方法。

(1)捣毁蚁巢。找到蚁穴,挖洞填农药毒杀;找到蚁穴,焚烧杀灭。

（2）拒避蚂蚁。①蜂箱木桩上涂沥青或加有杀虫剂的润滑油；②在桩脚下套1个容器，或我们喝矿泉水余下的废瓶或饮料瓶，把桩脚套在瓶里，内置少量的废机油，这样任何虫子都爬不上去；③在蚁穴周围撒明矾和硫黄粉，或将鲜薄荷叶放置在蜂场上，可驱逐蚂蚁；④蚂蚁众多的地方可在蜂箱下面铺塑料薄膜，薄膜要长出蜂箱前后长度的30 cm以上，宽度要宽出蜂箱宽度的10 cm。

（3）药剂毒杀。药剂配方：①用硼砂、白糖、蜂蜜的混合水溶液做毒饵诱杀；②将灭蚁灵或灭蟑螂药撒在蚁巢附近，让蚂蚁将毒饵拖回蚁巢，将蚂蚁毒杀。

（四）蟾蜍

蟾蜍主产于中国、日本、朝鲜、越南等国家，广泛分布于我国南北地区，常见主要品种为中华大蟾蜍、花背蟾蜍和黑眶蟾蜍3种。这几个品种个体大，体长10 cm以上，背面多呈黑绿色，布满大小不等的疣粒。上下颌无齿，趾间有蹼，雄蟾蜍无声囊，内侧三指有黑指垫。

1. 危害。在我国山区和稻区，蟾蜍种类众多，分布也很广，每只蟾蜍一晚上可吃掉10—100只的蜜蜂。

2. 防治方法。蟾蜍对蜂群危害较大，但是其属于有益动物，可以消灭害虫，在防治上应以预防为主，尽量不要伤害。常见防治方法如下。

（1）清除蜂场上的杂草、杂物及蟾蜍的隐身之处。

（2）将蜂箱垫高60 cm，使蟾蜍无法靠近巢门捕捉蜜蜂。

（3）蜂群不多的蜂场，可在蜂箱巢门前开一条50 cm×30 cm×50 cm的沟。白天用草帘等物将坑口盖上，夜间打开。当蟾蜍上前捕食蜜蜂时，就会掉入坑内，爬不出来。

(4)用细铁丝网将蜂场围起来,使蟾蜍无法靠近蜂箱,或将蜂箱紧密地排成圆圈状,巢门向内,从而使蟾蜍无法捕食到蜜蜂。

### 七、其他常见蜂群异常及防治措施

#### (一)工蜂产卵

工蜂产卵是在无王群中,部分工蜂的卵巢发育产卵,成为产卵工蜂。由于工蜂的雌性生殖器官已明显退化,失去与雄蜂交配的机能,所以产卵工蜂所产的卵都是未受精卵,一般只能发育成雄蜂。产卵工蜂的数量不定,有的可达工蜂总数的25%。

1.工蜂产卵的特征。从箱外观察,与正常蜂群比较,工蜂出入稀少,不带花粉,幼蜂久不出箱试飞。出来的工蜂显得干瘦,背部亮。开箱检查,箱内工蜂慌乱,暴躁蜇人。大部分工蜂体色黑亮。提起巢脾,分量很轻,储存的饲料比正常群少得多,花粉更少。停止造脾,找不到蜂王,也没有王台。或者只有出房已久的王台基,仔细察看,可以发现有些工蜂把整个腹部伸到巢房中,一些工蜂像侍候蜂王一样守在它们身边,这就是工蜂在产卵。它的主要特征表现在:一个巢房里下了有数粒卵,而且东倒西歪,不规则,没有规律,大多都是粘黏在房壁上。工蜂产的卵只能发育成很弱小的雄蜂,不及时处理,就会全群覆没。

2.工蜂产卵防治措施。一旦发现工蜂产卵,应及早诱入成熟王台或产卵王加以控制。另一种办法是,在上午把原群移开30—60 cm,原位另放一蜂箱,内放1框带王蜂的子脾,让失王群的工蜂自行飞回投靠。等到晚上,再将工蜂产卵群的所有巢脾提出,把蜂抖落在原箱内,并饿它们一夜。次日再让它们自动飞回原址投靠,然后加脾调整工蜂产卵群在新王产卵或产卵王诱入后，产卵工蜂会自然消失。但对于不正常的子脾必须进行处理，已封盖的应用刀切除，幼虫可用分蜜机摇离，卵可用糖浆灌泡后让蜂群自行清理。

(二)农药中毒

蜜蜂农药中毒成为世界养蜂业的一个严重问题，农药对蜜蜂的毒性依品种不同而异，根据其毒性的高低可分为三类。高毒类：这一类农药对蜜蜂的毒性很大。这类农药包括久效磷、倍硫磷、乐果、马拉硫磷、二溴磷、地亚农、磷铵、谷硫磷、亚胺硫磷、甲基对硫磷、甲磷、乙酰甲磷、对硫磷、杀松、残杀威、呋丹、灭害威等。中毒类：这类农药对蜂的毒性中等，如喷药剂量及喷药时间适当，可以安全使用，但不能直接与蜜蜂接触。这类农药主要包括双硫磷氯灭杀威、滴滴涕、灭蚁灵、内吸磷、甲拌磷、硫丹、三硫磷等。低毒类：这类药剂对蜜蜂毒性较低，可以在蜜蜂活动场所周围使用。这类农药主要包括杀螨剂、丙烯菊酯、苏云金杆菌、毒虫、百虫、乙烯利、杀虫脒、烟碱、除虫菊、灭芽松、三氯杀螨、毒杀芬等。

1.农药中毒的症状。蜜蜂农药中毒后的第一迹象就是在蜂箱门口出现大量已死或将要死亡的蜜蜂，这种现象遍及整个蜂场。许多农药不仅能毒死成年蜂，而且还能毒死各个时期的虫卵。大多数的农药常使采集蜂中毒致死，而对蜂群其他个体并无严重影响，有时蜜蜂是在飞回蜂箱后大量死亡，造成蜂群群势严重削弱，极端情况是农药由采集蜂从外界带回蜂箱，使箱内的幼虫和青年工蜂中毒死亡，甚至全群覆灭。具体症状如下。

(1)有机磷农药中毒的典型症状。呕吐、不能定向行动，精神不振、腹部膨胀、绕圈打转、双腿张开竖起。大部分中毒的蜂死在箱内。

(2)氯化氢烃类农药中毒的典型症状。活动反常、不规则、震颤,像麻痹一样拖着后腿,翅张开竖起且钩连在一起,但仍能飞出巢外。因此,这类中毒的蜜蜂不仅会死在箱内,也可能死在野外。

(3)氨基甲酸酯类农药中毒的典型症状。爱寻衅人、行动不规则,接着不能飞翔,昏迷似冷冻麻木,随即呈麻痹垂死状,最后死亡。大多数蜜蜂死在箱内,蜂王常常停止产卵。

(4)二硝酚类农药中毒的典型症状。类似氯化氢烃类农药中毒后的症状,但又常常伴随着有机磷中毒症状,从消化道中吐出一些物质,大部分中毒的蜂死在箱内。

(5)植物性农药中毒的典型症状。高毒性的拟除虫菊酯可引起呕吐和不规则的行动,随即不能飞翔,昏迷以后呈麻痹、垂死状,最后死亡,中毒蜂常常死于野外。

2.农药中毒的防治措施。对于蜜蜂农药中毒,只要高度重视,是可以避免的。为了避免发生农药中毒,养蜂场应与施药单位密切配合,了解各种农药的特性和施用知识,共同研究施药时间,避免或减少对蜜蜂的伤害。具体预防措施如下。

(1)禁止施用对蜜蜂有毒害的农药。在蜜蜂活动季节,尤其在蜜粉源植物开花季节,应禁止喷洒对蜜蜂有毒害的农药。若急需用药时应选用高效低毒、药效期短的农药,并尽量采用最低有效剂量。

(2)在农药内加入驱避剂。在蜂场附近用药或飞机大面积施药时,应在农药内加入适量的驱避剂,如石碳酸、硫酸烟碱、煤焦油、萘、苯甲酸等,这些物质本身对蜜蜂无毒,但它们本身的气味会影响蜜蜂对花蜜的采集,从而防止蜜蜂采集施过农药的蜜粉源植物。

(3)施药单位统一施药。施药单位应尽量集中在一个对蜜蜂较安全的时间内施药(如蜜蜂出巢前或傍晚蜜蜂回巢后)。在进行大面积施药前,应采取各种宣传措施通知附近的蜂场主,让他们有足够的时间在喷洒农药前一天晚上关闭蜂箱巢门,或用麻布、塑料袋等把蜂箱罩住,或将蜜蜂转入未施农药的新场。

(4)采用抗农药的蜜蜂品种。美国及苏联都开展过培育抗农药蜜蜂品种的研究,我国及其他国家的作物育种家早已进入培育抗病虫害的作物品种的研究,这两方面取得的成果都会减少或避免蜜蜂农药中毒。

### (三)甘露蜜中毒

蜜蜂甘露蜜中毒是我国养蜂生产上一种常见的非传染病,以每年的早春和晚秋发生较严重,尤其是干旱歉收年份,发生范围大,死亡率高,若防治不及时,容易给蜂场造成重大损失。在每年的夏秋之交,当外界蜜源中断且气候干旱少雨时,蜜蜂甘露蜜中毒也时有发生。

1.甘露蜜中毒的症状。甘露蜜包括蜜露和甘露两种。甘露是由蚜虫、介壳虫等昆虫采食作物或树木的汁液后,分泌出的一种淡黄色无芳香味的胶状甜液,这些昆虫常寄生在松树、柏树、柳树、杨树、榛树、椴树、刺槐、沙枣等乔灌木,以及高粱、玉米等农作物上,尤其是干旱年份,这些昆虫大量发生,排出大量甜汁(甘露)吸引蜜蜂采集。蜜露是由于植物受到外界温度变化的影响或受到创伤,从植物叶、茎部分或创伤部位分泌渗出的甜液。

发生甘露蜜中毒的大多是采集蜂,通常是强群比弱群中毒死亡的情况更严重。如果外界蜜源缺乏时,蜜蜂仍采集活跃,而采集蜂出现死亡现象,猜测蜂场周围有可能存在甘露蜜。检查未封盖的蜜脾时,蜜汁浓稠,呈暗绿色,无天然蜂蜜的芳香味,且巢脾内有结晶蜜。中毒严重时,蜂王和幼虫都会死亡,中毒的蜜蜂腹部膨大,失去飞翔能力,病蜂大多死在箱外。解剖病蜂观察,蜜囊呈球形,中肠萎缩、环纹消失,呈灰白色,并有黑色絮状沉淀,后肠呈蓝色或黑色,肠内充满暗褐色或黑色的粪便。

2.甘露蜜中毒的防治措施。

(1)选择放蜂场地时,远离能够产生甘露蜜的植物(松树、柏树等)较多的地方。

(2)在早春或晚秋蜜源中断季节,为蜂群留足饲料,并对缺蜜的蜂群进行奖励饲喂,不要让蜂群长期处于饥饿状态。

(3)对已采集甘露蜜的蜂群,在喂越冬饲料前将蜜脾换掉,补喂新鲜的糖浆或蜂蜜,千万不要留甘露蜜做越冬饲料以防越冬蜂群甘露蜜中毒造成严重损失。

(4)若发现甘露蜜中毒,蜂群最好转地,并进行药物治疗。一般以助消化的药物为主。

(5)因甘露蜜中毒诱发其他传染性病害(孢子虫病、下痢病等)的蜂群,应根据不同的病害采取相应的防治措施。

(四)花蜜中毒

养蜂生产实践中常见的花蜜中毒主要是枣花蜜中毒和茶花蜜中毒。枣花蜜中毒主要是由枣花蜜中所含的生物碱类物质引起,枣花开花期气候干旱炎热,花蜜黏稠,蜜蜂采集费力,在蜂群缺水的情况下,采集蜂中毒较为严重。枣花流蜜即将结束、荆条蜜源开始流蜜时,蜜蜂中毒症状逐渐减轻。引起蜜蜂茶花蜜中毒的主要原因是蜜蜂不能消化利用茶花蜜中的低聚糖成分,特别是不能利用结合半乳糖成分,从而引起生理障碍。

1.花蜜中毒的症状。

(1)枣花蜜中毒的症状。主要发生在华北地区5—6月枣花流蜜期,是我国华北地区枣花流蜜期的一种地方性病害。主要出现大批采集蜂死亡,蜂群群势下降,严重影响枣花期蜂蜜的产量。中毒蜜蜂身体发抖,肢体失去平衡,失去飞翔能力,两翅平伸或竖起,向前爬行跳跃,四肢抽搐,对外界刺激反应迟钝,腹部勾曲。在蜂场坑凹处可见较大数量的死蜂,大部分死蜂腹部空虚,死蜂双翅张开,腹部向内弯缩,吻伸出,呈现典型的中毒症状。

(2)茶花蜜中毒的症状。主要发生于我国南方秋末冬初时期,茶花蜜中毒的主要症状是烂子。蜜蜂采集了茶花蜜后,蜂群内的子脾前3日龄发育正常,等到将要封盖或已封盖时,大量幼虫开始成批地腐烂、死亡,房盖变深,有不规则的下陷,中间有小孔。幼虫尸体呈灰白色或乳白色粘在巢房底部,开箱后即能闻到腐臭味。

2.花蜜中毒的防治措施。

(1)枣花蜜中毒的防治。

①在枣花期前,要选择蜜粉源较充足的场地放蜂,使蜂群有大量花粉,以备进入枣花期供蜂群食用,可减轻蜜蜂中毒程度。

②在枣花大流蜜期到来时,注意补充饲喂,可减轻蜜蜂中毒程度。每天傍晚给蜂群喂酸性糖浆(在1:1的糖浆中加入0.1%的柠檬酸或5%的醋酸),也可用生姜水、甘草水灌脾,可起到预防和减轻中毒的作用。

(2)茶花蜜中毒的防治。茶花蜜中毒的防治应注重饲养管理,结合药物防治。每天傍晚在蜂群的子脾区域用含少量糖浆的解毒药物(0.1%的多酶片、1%乙醇以及0.1%大黄苏打)喷洒或浇灌,隔天饲喂1:1的糖浆或蜜水,并适时补充花粉;采蜜区要注意适时取蜜,在茶花流蜜盛期,一般3—4天取1次蜜,若蜂群群势较强,可生产王浆或采用处女王取蜜,每隔3—4天用解毒药物糖浆喷喂1次。

## 八、蜜蜂病虫害的防治措施

### (一)加强蜂群的日常饲养管理

蜂场要选择在蜜源条件好、地势高燥、温度适宜的地方,附近要有清洁的水源,远离工业污染区域和刚喷过农药的植物;蜜蜂的饲料要品质优良,没有微孢子虫和引起蜜蜂其他传染病的病原菌污染;蜂箱要干净无异味、无裂缝,经常进行消毒;蜂群要定期检查,根据季节和群势的变化及时调整蜂群;防止盗蜂和迷巢蜂等。给蜂群创造良好的生活条件,提高蜜蜂本身的抵抗力,是减少病虫害发生的基本措施。冬季平均气温降低到14 ℃时,应对蜂群采取保温措施,同时避免过度保温。气温在5 ℃以下时将蜂箱全部覆盖,晴暖天气注意通风,夜晚覆盖。南方阴雨天气,注意保温与通风降湿的关系,以塑料膜内没有水珠为宜,出现水珠要及时掀开帘子降低湿度。随着气温升高,外包装物可全部去除,内保温物随着扩大蜂巢而逐步撤出。调节巢门大小也是调节巢内温度的重要方法,上午逐渐开大巢门,午后要逐渐缩小巢门,以工蜂进出巢门不拥挤,没有蜜蜂扇风为宜。夏季应将蜜蜂放置于阴凉处,防止暴晒,及时喂水,在中午高温时可向蜂箱喷水降低温度。

### (二)加强蜜蜂营养

要养好蜜蜂,必须为蜜蜂提供充足的营养,蜂群才能强壮。强群是蜂产品高产和稳产的基本保证。蜜蜂的个体强壮,群体的抗逆性就强,抗病能力才能强。在取蜜时,特别是秋末取蜜时,不能全部取光,要留足蜜蜂的越冬饲料。在没蜜和没粉的季节,为蜂群提供足够食用的蜂蜜和蜂花粉。生产上通常采用的方法是:取光蜂蜜,饲喂白糖或者其他糖类;取光花粉,饲喂代用花粉。而这两种做法非常不利于蜜蜂的健康。因为蜂蜜中不仅含有葡萄糖和果糖等蜜蜂产生能量的糖类,还含有大量的矿物质、维生素和其他元素。蜜蜂食用双糖会消化不良,对于糊精、淀粉等物质蜜蜂无法消化,会产生中毒现象。土糖和红糖含的杂质太多,蜜蜂也会无法消化。花粉中除了蛋白质和氨基酸外,还含有大量蜜蜂需要的酶类、维生素和其他物质。代用花粉中蛋白质种类、比例与花粉不同,提供给蜜蜂的营养远远不如蜂花粉,蜜蜂食用后会消化不良,甚至还可能因为来路不明的成分而引起蜜蜂中毒。

### (三)加强蜜蜂病虫害的观察

有经验的养蜂员,善于发现患病蜜蜂和正常蜜蜂的不同表现,总结蜜蜂病虫害的发病规律,借助于日常的蜜蜂饲养管理的观察经验,通过箱外观察以及开箱观察,很容易发现患病蜜蜂的不正常表现,如体色变化、体型不正常、形态变化以及行为不正常,如不取食、不活动、躁动不安、无法飞行等。

### (四)选育蜂王

由于长期的自然选择,不同的蜂种对不同疾病有不同的抵抗力。如中华蜜蜂易发生囊状幼虫病,而在西方蜜蜂则不易发生。中华蜜蜂易发生欧洲幼虫腐臭病,西方蜜蜂虽然也会被感染,但很少发病。选择抗病性强的蜂群培育蜂王,替换容易感病的蜂王,可以从根本上减轻病害的发生和危害程度。

(五)预防措施

1.购买蜂群时注意要求卖方提供检疫证书,不从易发病的区域引进病蜂群,防止购入带病蜂给本场蜜蜂和当地蜜蜂带来毁灭性的影响。北方地区频繁发生的中蜂囊状幼虫病多是由养蜂者擅自从病区购入蜂群引起的。我国中蜂囊状幼虫的大发生和大范围的流行也与频繁的蜂群买卖和迁移有关。

2.注意保持蜂场和蜂群内的清洁卫生。由于病原微生物可以通过养蜂员的操作进行传播,因此养蜂员要注意个人卫生,处理完病蜂群后要洗手再处理健康蜂群,不交叉使用病蜂群和健康蜂群的机具、设备和产品。

3.及时消毒。每年秋末和春季对蜂场、蜂具、蜂箱、仓库进行定期消毒;对被病蜂群污染的蜂场、蜂具、蜂箱及时消毒。

4.隔离病群。将具有典型症状的病蜂群搬至离健康群2 km以外的地方进行治疗;与病蜜蜂群接触但未表现症状的蜂群应隔离观察,也可预防性给药;与病蜂群邻近蜂场的蜜蜂,也需进行观察,必要时进行预防性给药或转移至其他地方。

5.药物治疗。针对病害,对症下药。细菌病和螺旋体病选用具有抗菌作用的中草药;病毒病选用肽丁胺制剂或有抗病毒作用的中草药;真菌病选用抑制真菌生长的中草药;孢子虫选用柠檬酸;蜂螨用氟胺氰菊酯和升华硫。为防止污染蜂产品,大流蜜初期应把所有含蜂药的存蜜摇出。特别注意:由于任何药物的使用都会造成蜂巢中蜂产品的残留污染,影响蜂产品的品质,因此,在生产季节严禁用药,如必须用药,则用药蜂群的蜂产品不得用作商品,只可用于蜂群饲料。一般停药期控制在生产期前一个月。

# 第五章
# 蜂产品生产

目前,我国养蜂业中生产的商品蜂蜜主要有分离蜜和巢蜜两种形式。

## 一、分离蜜的生产

### (一)采蜜前的准备

1.时间。提取蜜脾采收蜂蜜一般在蜜蜂飞出采集之前的清晨进行,在上午大量采集蜂开始出巢活动前结束,以尽量避免当天采集的花蜜混入提出的蜜脾中,影响蜂蜜的品质。在外界温度较低时取蜜,如早期油菜蜜生产季节、中蜂采收冬蜜时,为了避免过多地影响巢温和蜂子的正常发育,可以在气温较高的午后进行取蜜操作。

2.地点。

(1)室内摇蜜。如果蜂箱距离房屋较近,运送蜜脾方便或者在室外摇蜜容易引起盗蜂时,采收蜂蜜适合在洁净的室内进行,可以有效防止外界的灰尘污染,保证取蜜环境的卫生。如果备有专门的取蜜车间,应在室内装备自来水龙头,安置一个简易的割蜜盖台,把相关的设备按照操作习惯进行摆放,并将取蜜车间清扫、擦洗干净。

(2)室外摇蜜。在天气较好、蜜源充足时可以在蜂场中进行露天摇蜜,特别是转地蜂场的条件较为简陋,取蜜操作可以在蜂箱附近进行,但要保证室外摇蜜不会引起盗蜂。进行露天取蜜作业的转地蜂场,需提前清理摇蜜场所的杂草、尘土等,取蜜应选择在无风天气进,摇蜜前用清水喷洒取蜜场所的地面,以防止尘土飞扬。

3.工具。准备好起刮刀、蜂刷、喷烟器、摇蜜机、割蜜刀、滤蜜器、蜜桶、水盆、空继箱等工具,检查所需的工具准备齐全后,将所有会与蜂蜜接触的器具清洗干净,晾干待用。

(二)分离蜜的采收工序

我国的养蜂场规模相对较小,蜂蜜生产中机械化程度较低,目前多数蜂场主要采用手工操作取蜜的模式。蜂蜜生产中一般需要3人互相配合,1人负责开箱抽脾脱蜂,1人负责切割蜜盖,操作摇蜜机分离蜂蜜,另外1人负责传送巢脾、把空脾放回原箱,回复蜂群。分离蜜的采收主要包括脱蜂、切割蜜盖、摇取蜂蜜、过滤和分装等工序。

1.脱蜂。在自然状态下,蜜蜂会附着在蜂群中的巢脾上。采收蜂蜜时,将蜂群中可以摇蜜的蜜脾定准后首先应将蜜脾上附着的蜜蜂脱掉,即脱蜂。脱蜂的方法包括手工抖蜂、工具脱蜂、化学脱蜂和机械脱蜂等。目前我国养蜂生产中普遍采用手工抖蜂的方法。

手工抖蜂时,首先提出蜜脾,双手握紧蜜脾的框耳部分,依靠手腕的力量将蜜脾突然上下迅速抖动3—5下,使蜜蜂离脾跌落进入蜂箱的空处。抖蜂完成后,蜜脾上剩余的少量蜜蜂可使用蜂刷轻轻将其扫落到蜂箱。把完全脱掉蜜蜂的蜜脾,放入准备好的空继箱套中,装满蜜脾后,把继箱套运到取蜜场所,摇完蜜的空脾及时回复蜂群。

在无盗蜂的情况下,如果蜂群中巢脾满箱,脱蜂前可先提出1—2张蜜脾靠放在蜂箱外侧,使蜂箱中空出一定的空间便于抖蜂和移动剩余的蜜脾。抖蜂过程中要注意保持蜜脾呈垂直状态,不要把巢脾提得过高,以免将蜂抖到箱外。提出和抖动巢脾时,注意不要碰撞蜂箱壁和其他的巢脾,以免挤压蜜蜂。中蜂进行平箱取蜜时,先要找到蜂王,把蜂王所在的巢脾靠到一边,以防挤伤蜂王。如果蜂群性情凶暴,可用喷烟器进行喷烟镇服蜜蜂,但使用喷烟器时,应注意不要将烟灰喷入蜂箱内,以免污染蜂蜜。

2.切割蜜盖。采集蜂采回花蜜,经内勤蜂的加工酿造后贮存在巢房中,并用蜂蜡将蜜房封盖,因此,脱蜂后需先把蜜盖切除才能进行蜂蜜的分离。切割蜜盖可通过手工切割和机械电动切割进行。目前我国的养蜂场主要采用普通冷式割蜜刀进行切割,切割蜜盖时,一只手握住巢脾的一个框耳,将另一个框耳置于支撑物或割蜜盖台面上,将巢脾垂直竖起,用锋利的割蜜刀沾热水自下向上拉锯式徐徐将蜜盖割下,注意不要从上往下割,以免割下的带蜜蜡盖拉坏巢房。在割除蜜盖的同时可将蜜脾上的赘蜡,巢房的加高部分割除。切割下来的蜜盖和赘脾使用干净的容器盛放,待蜂蜜采收完成后,将蜜盖和赘脾放置在尼龙纱布上静置,滤出里面的蜂蜜。

3.分离蜂蜜。我国蜂场中分离蜂蜜所使用的摇蜜机基本上为两框固定手摇式摇蜜机。把割去蜡盖的蜜脾放入摇蜜机的固定框笼内,手握摇把,摇转分蜜机,并逐渐加快摇动的速度。在两框固定手摇式摇蜜机中同时放入两个蜜脾,重量应尽量相同,巢脾的上梁方向相反,以保持摇蜜机的平衡,摇蜜机的转向应背着巢房的斜度进行,以便于蜂蜜和巢脾的分离。注意在转动摇蜜机的过程中用力要均匀,转速不能过快,以防止巢脾断裂损坏。蜜脾一侧的贮蜜摇取完成后,要将巢脾翻转,以摇取另一侧巢房中的贮蜜。辐射式摇蜜机在取蜜过程中不用把蜜脾进行换面,但需要在正转之后进行反转才能把蜜脾两面的蜂蜜摇出。如果使用的摇蜜机没有流蜜口,当摇取的蜂蜜快到框笼的巢脾下框耳时,就应将蜂蜜及时倒入蜂蜜桶。采用活框饲养的中蜂蜂群,一般多为平箱取蜜,贮蜜区与繁殖区没有分开,进行取蜜的巢脾上一般带有蜜蜂的卵、虫、蛹,为了尽量减少对蜜蜂蜂子发育的影响,从繁殖区脱蜂后提出的巢脾应立即分离蜂蜜,取蜜完成后,迅速将巢脾放回原群。在取蜜过程中,摇蜜机的转速要适当放慢,以防止将虫、卵甩出,或使虫、蛹移位造成伤子。

4.过滤和分装。在蜜桶上口放置双层过滤网,除去蜂蜜中的蜂尸、蜂蜡、死蜂和花粉等杂质,蜂蜜集中放置于广口容器中后,其中的细小蜡屑和泡沫会浮到蜂蜜表面,撇除上面的浮沫杂质之后便可将蜂蜜进行分装,置于专用蜜桶中。

(三)分离蜜的贮存

分离蜜应按蜂蜜的品种、等级分别装入清洁的不锈钢蜜桶、塑料桶、陶器等容器中。注意不要装得太满,否则在运输过程中容易溢出,高温季节还易受热胀裂蜜桶。成熟蜂蜜装桶后应密封保存,因为蜂蜜具有很强的吸湿性,未成熟的稀薄蜜装入容器后则不应密封,留出蒸发水分、流通气体的余地。储存蜂蜜的容器上应贴上标签,注明蜂蜜的品种、产地及采收日期等信息。蜂蜜的贮存场所应清洁卫生、阴凉干燥、避光通风,远离污染源,不得与有毒、有害、有异味的物质同库贮存。准备出售的蜂蜜应尽快送交给收购商。

## 二、巢蜜的生产

巢蜜是蜜蜂采集植物的花蜜后,经充分酿造成熟并封上蜡盖的巢脾蜂蜜,由蜂巢(含蜡盖)和蜜液两部分组成,也称"巢脾蜂蜜""封盖蜜"。巢蜜作为成熟蜂蜜的一种,是高档次的自然成熟原生态的天然蜂蜜产品,可以形象、直观地向消费者展现产品的物理状态,更容易获得顾客的信任。目前,我国的山东、新疆、北京等地的巢蜜生产已成规模,并建立了良好的市场销售渠道。

### (一)巢蜜生产的基本

巢蜜的生产受诸多因素的影响,主要影响因素包括以下几项。

1.蜜源情况。生产巢蜜相对于生产分离蜜需要更长的时间。商品巢蜜一般7天以上的蜜脾才能封盖,这就要求生产巢蜜的蜜源花期一定要长,流蜜量不能太少。巢蜜要求色泽浅淡,外形美观,口感好,不易结晶。北方的刺槐、荆条、苜蓿等蜜源的流蜜时间较长、流蜜量较大,是进行巢蜜生产的理想蜜源。同时,生产巢蜜时应避开外界胶源丰富的场地,否则巢蜜表面黏附蜂胶后会影响外观。

2.天气影响。蜜蜂只有在将蜂蜜酿造成熟后才会进行封盖,造成巢蜜生产对外界环境有很大的依赖性。长期阴雨天气,蜜蜂采蜜会受影响,空气湿度大,蜂蜜也不容易酿造成熟进行封盖。如果天气晴朗,气候相对干燥一些,蜜蜂酿造花蜜的时间就会缩短,生产巢蜜的速度也会相应加快。

3.蜂群状况。生产巢蜜需使用健康强盛的蜂群,要求蜂群采集积极、泌蜡造脾能力强。根据生物学特点和经济性状选择生产巢蜜的合适蜂种,进行巢蜜生产的蜂群应能维持强群,生产中所用的蜜王比浆王更适合生产巢蜜,蜜蜂采蜜快、酿造快、生产快。生产巢蜜较为理想的蜂种有中蜂、卡尼鄂拉蜂和意大利蜂,中蜂和卡尼鄂拉的蜜脾封盖均为干型,即蜡盖与巢房内的蜂蜜有一定的距离巢蜜封盖颜色鲜亮、色泽美观。

4.生产设备。生产设备对巢蜜生产至关重要,生产巢蜜的主要设备包括:巢蜜继箱、巢蜜盒以及巢蜜盒框架等。巢蜜盒需要组装方便、拆卸简单,蜜蜂易于接受等特点。

5.养蜂技术。巢蜜生产人员应熟悉相应的技术操作,掌握巢蜜生产的蜂群管理措施,确保巢蜜生产高产高质量进行。

(二)操作规程

1.组织蜂群。进行巢蜜生产的蜂群要比生产分离蜜的蜂群群势更强,在大流蜜期到来之前,就要密集蜜蜂,把蜂群调整组织为采蜜强群,加好继箱。

2.提前造脾。将切好的巢础放入巢蜜格内或者将塑料巢蜜盒装订在巢框上(没有巢房底的巢蜜盒要镶嵌巢础,塑料底的巢蜜盒要刷一层薄薄的蜂蜡),生产巢蜜所用的巢础,须用优质纯净的蜂蜡制成。不论生产什么样式的巢蜜,为了加快生产速度,均需要在主要蜜源流蜜期前3—5天,将巢框放入蜂群,并用蜜水刺激蜂群,使蜜蜂泌蜡进行提前造脾。在塑料底巢蜜盒上涂蜡是为了提高蜜蜂的接受情况,但应注意要尽量涂得薄一些。在有两个蜜源衔接的地区可利用前一个蜜源进行造脾,后一个蜜源进行巢蜜采收。如果蜜源的花期较长,则可让蜂群一边造新的格子蜜巢脾,一边生产巢蜜。

3.生产巢蜜。一般一个继箱一次可以生产4—6框巢蜜,在放置巢框时,将一般的巢脾放在继箱的两侧,将生产巢蜜的巢框放置在中间,待蜜脾封盖率达到99%时,应该及时进行采收。

取出用于生产巢蜜的巢框后,用蜂刷轻轻驱逐上面附着的蜜蜂。注意操作时动作要轻稳,不要损坏蜜脾的蜡盖。

生产巢蜜时要适当缩小蜂路,把巢框间的蜂路控制在半个蜂路大小,约为 6 mm,以保证成品巢蜜品相较好,在生产巢蜜的过程中,不要进行取蜜操作。与生产巢蜜的巢框相邻的巢脾表面要平整,方能使成品巢蜜表面整齐,比较美观。

由于巢蜜生产要求蜂群有较强的群势,而强群比较容易发生分蜂热,所以在生产过程中要注意预防分蜂热的产生。

为了提高巢蜜的产量,在生产巢蜜的花期内可留出部分蜂群进行分离蜜的生产,当本蜜源即将结束,巢蜜格尚未贮满或封盖尚未完成时,用部分蜂群生产的同一花种的纯蜂蜜饲喂生产巢蜜的蜂群。对于巢蜜格尚未贮满蜂蜜的蜂群,可以早晚都喂。如果巢蜜格内已贮满蜂蜜但未完成封盖,可于每天晚上酌量饲喂,促使蜜蜂加快封盖。如果巢蜜格中部已有少量封盖,则要限量饲喂。

4.包装和存放。根据外表平整度、封盖情况、颜色深浅以及清洁度等对从蜂箱中提出的巢蜜进行分类挑选,剔除含有结晶蜜的、蜂花粉数量较多的、未封盖巢房较多的等不合格产品,将合格的巢蜜装入已经消毒的包装盒内即可作为成品巢蜜进行出售,或密封后置于阴凉、干燥、通风的地方保存。

### 三、蜂花粉的生产

蜜蜂访花时采集花朵雄蕊上的植物雄性生殖细胞,将唾液和花蜜混入后形成花粉团,装在后足的花粉筐里带回蜂巢的团状物即为蜂花粉。蜂花粉是蜜蜂的主要食物之一,含有丰富的营养物质,是蜜蜂及幼虫生长所需蛋白质的主要来源。由于粉源植物不同,蜂花粉具有各种颜色,多数为黄色或淡褐色。

在外界粉源旺盛、蜂群内花粉充足的情况下,可以使用花粉收集器在巢门口采收花粉。在养蜂生产中进行蜂花粉生产,特别是在蜜源不足而粉源丰富的季节收集蜂花粉,不仅可以提高养蜂的生产效益,在巢内花粉过多限制蜂王产卵时还可以解除粉压子脾的问题,同时,收集的花粉在外界缺乏粉源时饲喂给蜂群,可以促进蜂群的生长繁殖。

蜂花粉采收的原理:养蜂生产中使用脱粉器收集蜂花粉,脱粉器主要由一个可插入蜂箱门的集粉盒和安装在巢门上的脱粉板组成,脱粉板上设有脱粉孔,工蜂能自由进出脱粉孔但其携带的花粉团通过网孔时大部分会被刮落下来,落到集粉盒中进行收集。

(一)蜂花粉的采收

1.时间选择。各种粉源植物的花粉量不同,春季油菜开花时正值蜂群繁殖期,幼虫发育、幼蜂哺育都需要大量的花粉,此时可酌情进行少量收集,夏季以后的油菜、荞麦和茶树等蜜粉源开花时则可以大量收集蜂花粉。各种粉源植物的花药开裂的时间不同,应根据蜂场周围的具体植物种类确定安装脱粉器的时间。多数的粉源植物在早晨和上午花粉较多,雨后初晴或阴天湿润的天气蜜蜂采粉较多。为保证蜂群采蜜,在流蜜期间蜜蜂采蜜高峰时,不宜安装脱粉器,以免影响蜜蜂工作。

2.安装脱粉器。蜂种不同,适合使用的脱粉板孔径大小就有所差异,采收蜂花粉时应根据饲养的蜂种选择脱粉器。脱粉器的安装工作应在蜜蜂采粉较多时进行,取下蜂箱前的巢门板,清理巢门及其周围的箱壁后,把脱粉器紧靠蜂箱前壁的巢门放置,脱粉器应安装严密,使所有进出蜂巢的蜜蜂都通过脱粉孔。为防止安装脱粉器引起蜜蜂偏集,生产花粉时,至少同一排的蜂群要同时进行脱粉。

脱粉器放置在巢门前的时间可根据蜂群内的花粉贮备量、蜂群的日采进花粉量决定。一般情况下,每天置于巢门口采收1—2 h,每群蜂每天可采集花粉50—100 g。

每天脱粉结束后要及时处理脱下的蜂花粉,收取花粉时,动作要轻,以免花粉团破碎,取出收集的蜂花粉后要清理干净脱粉器具,以便下次使用。

### (二)蜂花粉的干燥

蜜蜂刚采集的蜂花粉含水量很高,如不及时进行处理,极易发生霉变或发酵变质,并且混在花粉中的虫卵会孵化污染花粉。因此,蜂花粉收集后应及时进行干燥处理,才能储藏待用。

常用的干燥方法包括日光干燥、自然通风干燥、电热干燥、真空干燥剂干燥等。日光干燥是目前我国养蜂者普遍采用的方法,此方法简单、无需特殊工具,但易受灰尘等杂质污染。使用此法干燥花粉时,为了减少紫外线对花粉中有效成分的破坏,应注意在上面盖一层白纸或白布。为防吸潮,傍晚前需将晾晒后的花粉,装入塑料袋中密封,第二天再继续晒。自然通风干燥适用于少量花粉或多用于阴雨天的应急干燥。

### (三)花粉的去杂和灭菌

采收的花粉中常常含有蜜蜂肢体、沙等杂质,可通过风力扬除和过筛分离进行去杂。花粉中包含许多微生物,可用紫外线消毒法、冷冻法、射线辐照灭菌法等进行灭菌。

### (四)花粉的包装贮存

使用清洁、无毒、无异味、符合食品卫生的塑封袋进行密封包装后,放在通风干燥、低温避光、无异味的场所暂存。

### 四、蜂胶采收技术

蜂胶是工蜂从胶源植物的芽苞、幼芽或枝杆的愈伤组织上采集的树胶或树脂,并混入其上颚腺分泌物和蜂蜡等加工而成的胶状混合物质。蜂胶的颜色与胶源植物直接相关,多为黄褐色、棕褐色或灰褐色。蜂胶具有很好的防腐抗菌作用,在降血糖、降血脂、抗氧化、调节免疫等方面有良好的效果,近年来在医药、食品、化妆品以及畜牧养殖等领域都有一定的应用。

蜂胶主要被蜜蜂用于填塞蜂箱的缝隙、孔洞,缩小巢门,磨光巢房壁,加固巢脾或包裹入侵蜂群的外来物等,主要分布在框梁、副盖、覆布、框耳、隔王板、箱壁、巢门等部位,其中蜂巢上方集胶最多。采集蜂胶是西方蜜蜂的习性,但不同的蜜蜂亚种的采胶能力差异很大,其中高加索蜂的采胶性能最好,意大利蜂和欧洲黑蜂次之,卡尼鄂拉蜂和东北黑蜂较差。

**(一)蜂胶的采收**

目前生产中使用的采收蜂胶的方法主要有直接刮取、盖布取胶以及集胶器取胶。

1.直接刮取。结合蜂群管理进行刮取蜂胶是最简单的采胶方法。在平时检查蜂时,直接用起刮刀把纱盖、继箱和巢箱箱口边沿、隔集胶器取胶板、果脾框耳下缘或其他空隙处的蜂胶依次刮取下来,注意不要混入蜂和其他杂物。

2.盖布取胶。用优质的白布、麻布等作为集胶盖布,在巢脾框梁上横放几根木条,使盖布与上框梁间形成 0.3 cm 左右的空隙,促进蜜蜂把蜂胶积累在盖布和框梁之间。取胶时把盖布置于太阳下晒软后用起刮刀刮取,刮完胶后,把盖布有胶的一面朝下放回蜂箱,继续收集蜂胶。在气温较低的季节使用盖布集胶有助于蜂群的保温,如果气候炎热,盖布会影响巢内的通风,造成群内闷热,此时可使用尼龙纱网代替盖布。收取蜂胶后也可以把盖布或尼龙纱网放入冰柜,蜂胶冷冻后会变脆,提出进行敲搓蜂胶即可自然落下。

3.集胶器取胶。集胶器是根据蜜蜂在巢内集胶的生物学特性设计的蜂胶生产工具,可从市场上直接购买。使用集胶器取胶可有效提高蜂胶的产量和质量。生产中使用的集胶器有板状格栅集胶器、可调式格栅集胶器、框式格栅集胶器、巢门格栅集胶器、巢框集胶器以及继箱集胶器等类型。

采收蜂胶的次数应根据蜂群的集胶速度确定,在外界胶源丰富、蜜蜂采集积极性较高的情况下,一般每隔15天左右就可取一次胶。

(二)蜂胶的包装贮存

采收后的蜂胶应及时用塑料袋封装,以减少蜂胶中芳香物质的挥发。包装材料应符合食品卫生安全标准的要求,防潮、密封性好。包装后,标明采收时间、地点以及胶源植物种类,暂存于纸箱或塑料桶等容器中,存放在干净、阴凉、通风避光、干燥无异味的地方,严禁日晒、雨淋及有毒有害物质的污染。

## 五、蜂王浆的生产

蜂王浆是蜜蜂用于蜜蜂幼虫及蜂王的食物,成分是天然的保健品,我国是主要的蜂王浆生产国,蜂王浆产量占世界总产量的90%以上。生产蜂王浆是挖掘养蜂生产潜力的一个途径,只要措施得当,生产蜂王浆可以有效提高养蜂的经济效益。

(一)产浆群的选育

生产蜂王浆需要较大的群势,产浆群的选育应该针对繁殖性能好、蜂群发展较快、能维持强群的蜂群进行。目前,我国的蜂王浆高产型蜜蜂蜂种主要来自浙江平湖、萧山、嘉兴等地。

浙江浆蜂的产浆性能比原种意大利蜜蜂有明显提高,但10-羟基-2-癸烯酸(10-HDA)的含量相对较低,可利用浙江浆蜂作为育种素材,在蜂王浆高产的基础上,进行提高蜂王浆品质的蜂种选育,同时加强抗螨性、抗病力筛选。

(二)产浆群的组织

根据外界的气温条件和蜂群的群势,在移虫的前一天组织好产浆群。强群是获得蜂王浆高产的前提,应挑选采集力强、哺育蜂过剩的强群组织产浆群,以保证有充分的泌浆能力。

1.继箱产浆群的组织。蜂群群势达10足框以上时,用隔王板把蜂王隔离在巢箱中,上面加继箱,继箱内放幼虫脾、封盖子脾和蜜粉脾,浆框放在继箱中的子脾之间,使继箱内保持3张以上的虫、蛹脾以及充足的蜜粉饲料。巢箱中应有空脾或有空巢房的巢脾,给蜂王提供足够的产卵位置。对巢箱和继箱的巢脾需经常调整,保持浆框两侧有幼虫脾,蜂群蜂脾相称,注意检查蜂群消除自然王台及急造王台,防止无王区出现处女王。

2.平箱产浆群的组织。使用卧式箱和标准箱的平箱生产蜂王浆时,用框式隔王板把蜂巢隔成有王区和无王区,在有王区放置老蛹脾、卵虫脾以及空脾,使蜂群正常进行繁殖,在无王区内产浆,其中保持1—2张蜜粉脾,2—3张蛹脾、幼虫脾,浆框放在子脾之间。在产浆过程中需经常调整两区的巢脾。

3.双王产浆群的组织。双王群一般可以维持较强的群势,具有充足的后备蜂力,产浆的潜力较大。组织双王产浆群时,用闸板把巢箱分割为左右两区,各放一只蜂王,巢箱上放隔王板,上面加继箱,组织方法同继箱产浆群。

(三)补粉奖糖

巢内饲料是否充足直接影响到蜂群的产浆量多少,如果外界有长时间不间断的粉源,只要有辅助蜜源就可以达到蜂王浆稳产的目的。用于产浆的蜂群应保证饲料充足，特别是不能缺少蛋白质饲料。如缺乏花粉，蜜蜂会停止泌浆，因此产浆期间要注意饲料的补充和调整，确保蜂群泌浆的积极性。

奖励饲喂可以促进蜂王产卵以及工蜂泌浆育虫，外界蜜源较少时，应加强饲喂，为防止发酵变质，应现用现配。蜂蜜与水按1:1，白糖与水按1:2的比例配制后加入饲喂器中，每群每次0.2—0.3 kg，在饲喂器中放入木条或其他漂浮物，防止蜜蜂淹死。

花粉是自然蜂群中唯一的蛋白质来源，幼虫的生长和幼蜂的发育都离不开花粉的供给，产浆期间如果外界粉源不足，应及时给蜂群人工补充花粉。将购买或储存的花粉用蜂蜜或糖溶液充分浸泡后，揉捏成饼状，放在巢脾的框梁上，让蜜蜂取食。为防止花粉饼失水变质，可在饲喂时在花粉饼上覆盖一层塑料薄膜。

(四)调节产浆群温湿度

如果巢内温度太高，蜜蜂会离巢散热，影响蜂王浆的产量。在高温季节，应适当采取给蜂箱遮阴，加强蜂巢的通风等措施来降低巢内温度。水常用来调节蜂巢的温湿度，因此蜂场对水的需求量很大，应在蜂场内设置洁净的采水设施或采取巢内喂水的方式，降低蜜蜂出巢采水的工作量，促进产浆群维持合适的温、湿度，保证哺育蜂在产浆框上的密集。

(五)生产蜂王浆

1.生产蜂王浆的条件。

①外界气候正常，气温较为稳定。

②外界蜜粉源丰富，粉源可以持续一定的时间。

③蜂群的群势较强，有较多的幼蜂，哺育能力过剩。

2.生产蜂王浆的工具。生产蜂王浆的工具可以自己制作和购买。主要包括浆框、台基、移虫针、取浆笔、镊子、王浆瓶,另外还有消毒用的酒精,割除王台蜂蜡的刀子,覆盖采浆框用的毛巾和纱布等。

3.蜂王浆生产。

①准备幼虫脾。在王浆生产过程中,要用到很多适龄幼虫。为避免频繁检查惊扰到蜂群,应快速找到合适的虫脾,提高工作效率,有计划地培养幼虫脾。选择一定量的新分群和繁殖群,在移虫前4—5天加入空脾,移虫结束后把该脾放入大群,重新加入空脾供蜂王产卵,每隔一段时间从大群中提出封盖子脾加到幼虫脾的蜂群中,维持蜂群的群势。

②组织产浆群。

③安装浆框。如果使用自制的台基,首先应将台基粘在王浆条上,使用批量生产的塑料台基时,直接将购买的塑料台基条扣在浆框的相应凹槽处即可。将安装好的浆框放入欲进行产浆的蜂群中,让工蜂清理加工一段时间。如使用蜂蜡台基,在移虫前让工蜂清理2—3 h即可,如使用塑料台基,应延长清理修整的时间,提前1—2天把浆框加入蜂群中。

④移虫。找到幼虫脾,抖落上面的蜜蜂,在明亮、洁净的环境中进行移虫。可把幼虫脾平放在隔板上,浆框置于脾上,转动台基条,使用移虫针将底部蜂王浆充足的一日龄的幼虫转移到台基条使台基口朝上,移虫时动作要迅速准确、避免碰伤幼虫。移虫之后及时把幼虫脾放回蜂群,暴露时间不要过久,以免影响幼虫的正常发育。

⑤插入浆框。移虫完毕的浆框台基口向下,放入产浆群的幼虫脾之间,初次移虫时幼虫接受率较低,可在移虫之后3—4 h或第二天提出浆框进行检查,把未接受的台基内的蜂蜡等物质

清除干净后补移上同龄幼虫,以提高台基的利用率,增加蜂王浆的产量。

⑥提取浆框。移虫之后70 h左右,将浆框从蜂群中取出,手持产浆框侧条的下端,轻轻抖落上面的蜜蜂,再用蜂扫把剩余的蜜蜂扫下来,将移完虫的浆框放入蜂群,转移到干净卫生的地方。

⑦取出蜂王浆。用刀子逐个割去王台基上部加高部分的蜂蜡,要割得平整,注意不要割斜或割破。虫体用镊子夹取出幼虫,要小心轻夹,防止带出蜂王浆或夹破虫体、漏取幼虫,之后用王浆笔沿着台基内壁轻轻刷一周,将蜂王浆取出来,刮入王浆瓶应尽量把台基内的王浆取干净,以防残留的王浆干燥结块。

⑧修补台基。修补取完浆的台基,处理干净未接受台基中的赘蜡,再次进行移虫产浆。在生产蜂王浆的过程中要注意保持卫生洁净,使用的刀子、取浆笔和镊子都要用75%的酒精消毒,提出的浆框不要随意乱放,取浆过程中应尽量减少在高温环境中的暴露时间,避免接触灰尘、杂质等,王浆瓶装满后要密封瓶口,放入冰箱中进行保存。